北近江 農の歳時記

国友伊知郎

はじめに

北近江《きたおうみ》の風土と農業

ＪＲ東海道新幹線の米原駅あたりから北、長浜市を中心とする一市三郡（一二町）を通称「湖北《こほく》」と呼びます。書名では、「北近江」（こちらは「湖西」の一部も含まれる）の語を用いましたが、本文中ではすべて、初出のまま地元でふだん使う「湖北」を使用しています。

地理的には、北東の岐阜県や福井県との県境に連なる山系に源を発して琵琶《びわ》湖に注ぐ、姉《あね》川、高時《たかとき》川、天野《あまの》川などの河川によって沖積平野が形成されました。国内でも早い時期に稲の栽培が始まっていたらしく、縄文時代後期（紀元前一〇〇〇年ごろ）とされる長浜市内の遺跡から水田跡も発見されています。大化改新《たいかのかいしん》後、早い時期に条里制がしかれたことが大字名などに名残りをとどめています。

本書ではふれていませんが、西部にあたる琵琶湖岸では漁業も行われ、湖上に浮かぶ竹生島《ちくぶ》（びわ町域）は西国三十三カ所の第三十番札所として知られています。

東南の岐阜県との県境に位置する県の最高峰、伊吹《いぶき》山は白い岩

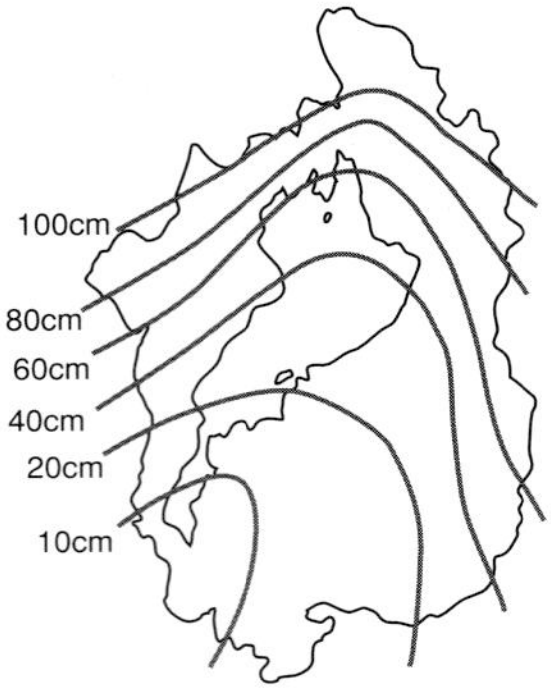

図1　最大積雪量（平均）の分布
（滋賀県自然保護協会『滋賀県自然誌』より）

肌を見せる石灰岩層の山で、風景を特徴づけるとともに、気候的に、この地を豪雪地帯とする要因となっています（図1）。関ヶ原方面に雪雲が流れ込むため、例年ニュースで報じられるとおり、降雪で新幹線ダイヤがしばしば乱れます。

米原から北へ福井県境までは直線距離で約五〇キロメートル、その中ほどの東浅井郡あたりを日本の日本海側と太平洋側の気候の目に見えない分水嶺《ぶんすいれい》が走っています。東浅井郡以北には、越後平野（新潟県）と同様に、田の畦《あぜ》に稲架《はさ》を掛ける「畔《はん》の木」が見られ、並木のような見事な平地林を形成していました。

こうした気象条件から、この地の農業は水稲単作地帯として発達しました（減反政策により、麦や大豆を作付けするよう求められるまで耕作地の九割方は田んぼでした）。副業としての養蚕が農家経済を潤《うるお》し、農閑期に県外への出稼ぎが習慣となることもありませんでした。江戸中期に興った縮緬《ちりめん》、蚊帳《かや》、ビロードなどの産業を擁し、生糸《きいと》の集散地として栄えてきたからです。近年まで繊維産業が地域の主幹産業でした。農家の構えはがっしりしていて、家々が前栽《せんざい》（庭園）や土蔵、什器《じゅうき》備品や書画骨董《こっとう》の美を競い合ってきました。

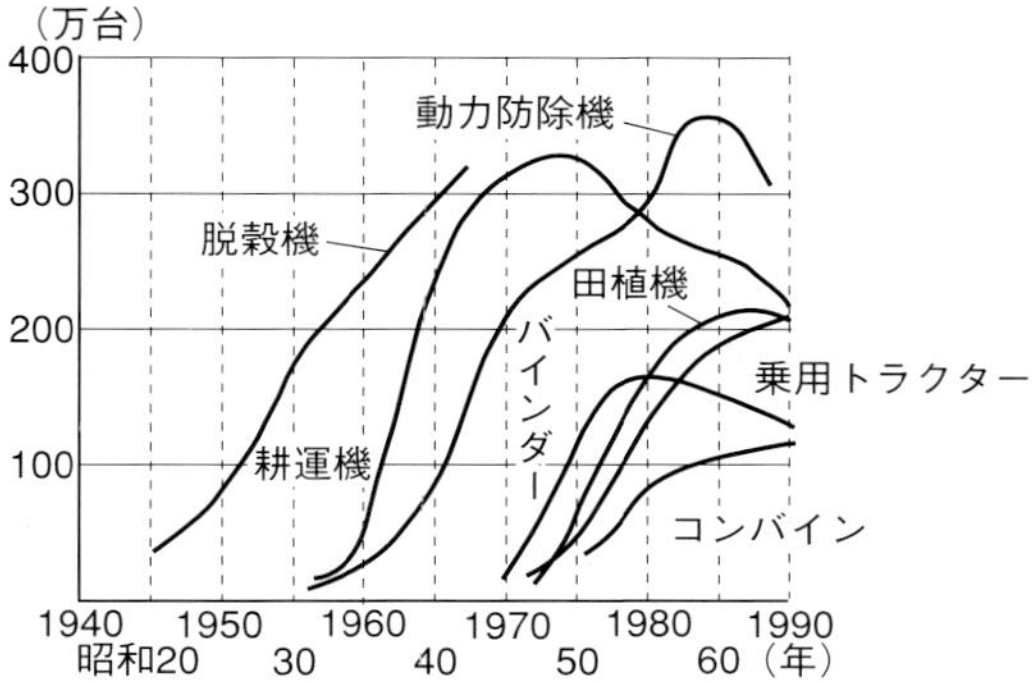

図２　主要な農業機械普及台数の推移
（農文協刊『昭和農業技術発達史②』より）

しかし、米づくりが容易だったわけではありません。琵琶湖に注ぐ川は流域が小さく、旱魃《かんばつ》の被害を受けやすかったこともその一つです。他地域と同じように稲作は水との闘いの歴史でした。

交通上は、都と地方とをつなぐ文化の伝播ルートにありました。そのため、食文化やことばにおいて、関東と関西の接点としての特異性が見られます。多くは、関西、とりわけ京都の文化の影響を色濃く受けていますが、特に話ことばの面で彦根以南（湖東）と明確な違いが認められるなど、一つの文化圏を形成しています。

本書は、こうした地における米づくりの一年を一月から順番に十二月まで四季折りおりの事象で紹介したものです。「歳時記」と銘打ちましたが、新旧、それこそ一世紀ぐらいの時間軸を行き来するような錯覚を読者は覚えられるかもしれません。これには写真の撮影期間が影響しています。

日本農業にとっての昭和四十〜五十年代

日本の農業と農村は、昭和四十年代に大変貌を遂げました。高度経済成長の波に乗って、機械化が驚くほどのスピードで進んだ時期です（図２）。滋賀県は全国でも最も早く機械化の進んだ地

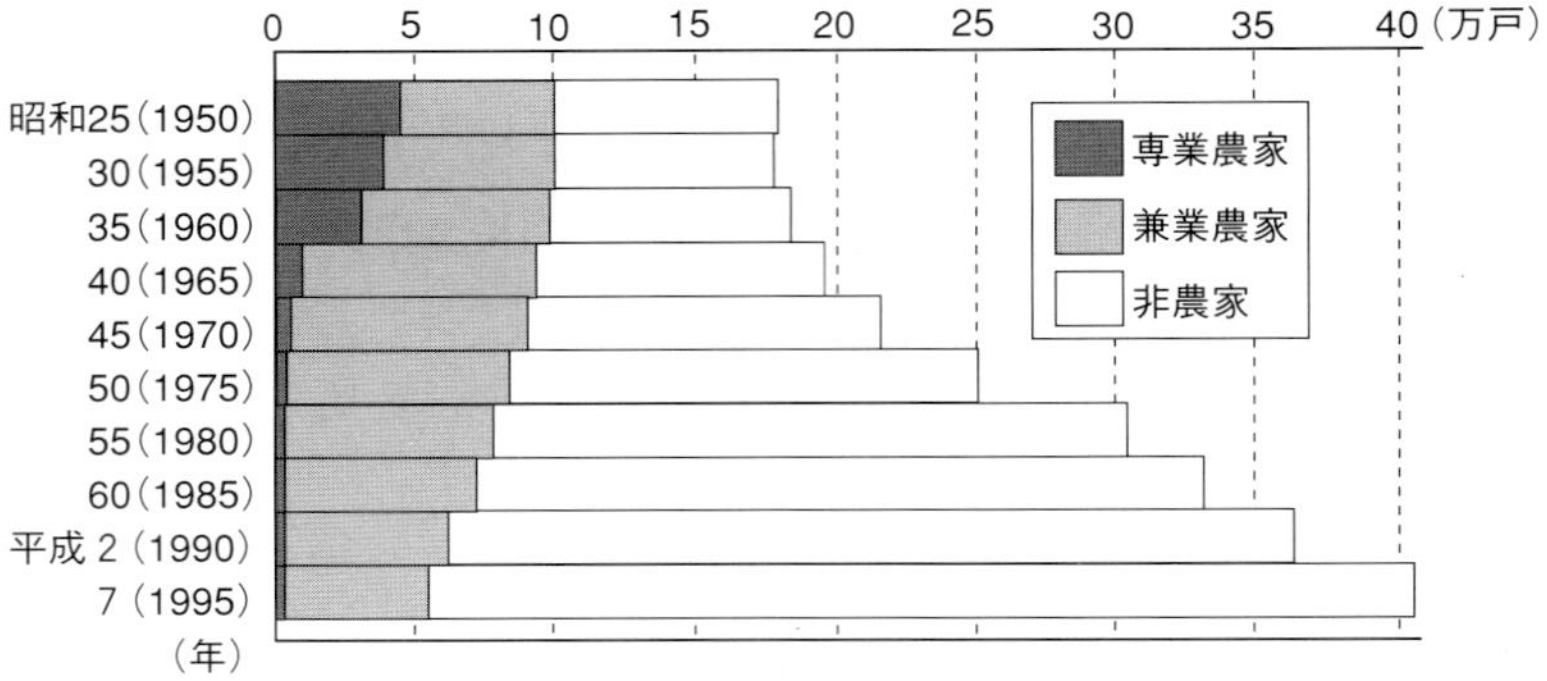

図３　滋賀県の事業農家・兼業農家・非農家の割合の変化
（滋賀県『滋賀県史昭和編３』および『滋賀県勢要覧　平成12年度版』より作成）

域といえます（普及の山はおそらく図２よりもいくぶん左へずれるでしょう）。近年も都道府県別でみた農用機械普及状況は田植機、コンバインともに第一位です。

労働力を軽減させた機械化は他産業へ働きに出ることを可能にしました。それが農家の兼業化の進行でした。図３は滋賀県全体のデータで、専業農家は昭和三十五年と四十年の間の五年間で三分の一に減少、さらに五年後の四十五年にその約二分の一となり、昭和五十五年以降は約三千戸で下げ止まる形となっています。戦後まもなくには全世帯数の二分の一強を占めていた農家戸数の割合は、八分の一となりました。

機械化をはじめとする稲作技術の発達で、従来の農作業は大きく変わりました。とくに秋の収穫期は、コンバインや立体乾燥機の普及、カントリーエレベーターの登場などで驚くほど省力化が進みました。同時に、機械作業のしやすい倒伏《とうふく》しにくい品種や収量の多い早生種の開発などで、従来は十月から十一月にかけて行われていた稲刈りは、今日では九月中にほとんど終わるなど、秋の農作業は一カ月余り早まっています。春の田植え作業のスピード化も驚異的です。そのため、湖北では二〇《ヘクタル》以上耕作する専業農家がたくさん育ちました。

そして、本来、豊作祈願など米づくりの一環として維持継承されてきた年中行事の多くは、農家の生活パターンが変わり、集落内の農家の割合が減少するのにともない、簡素化や日程の変更などが進みました。

さらに土地改良事業や圃場《ほじょう》整備事業によって景観も一変しました。湖北の風景を特徴づけていた「畔の木」も、本文にあるとおり、いくつかの要因が重なって姿を消していったのです。

昭和四十五年ごろから十年ほどの間の変化を「大変貌」と称するのはこうした理由です。こうした事情は、日本列島どの地域も大差ないのではないでしょうか。「北近江 農の歳時記」は「日本列島農耕歳時記」と読み替えてもよいかと思います。

著者

目次

滋賀県
伊香《いか》郡
東浅井《ひがしあざい》郡
長浜《ながはま》市
坂田《さかた》郡
高島郡
琵琶湖
志賀郡
彦根市
犬上郡
神崎郡
蒲生郡
近江八幡市
愛知郡
守山市
野洲郡
八日市市
神崎郡
草津市
栗東町
蒲生郡
大津市
甲賀郡

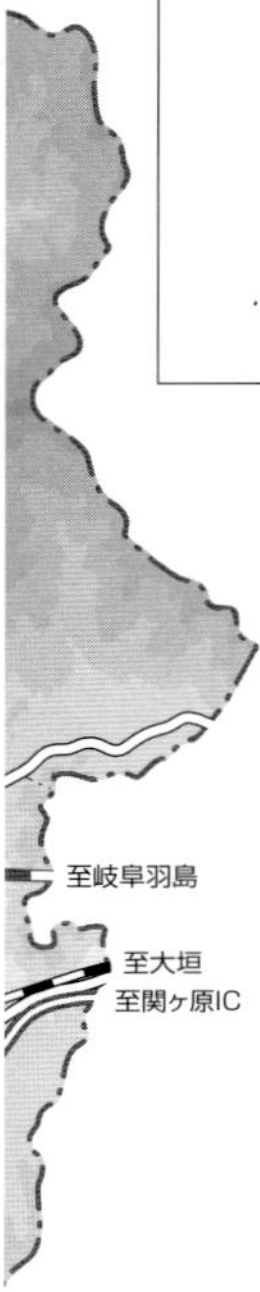

至岐阜羽島
至大垣
至関ヶ原IC

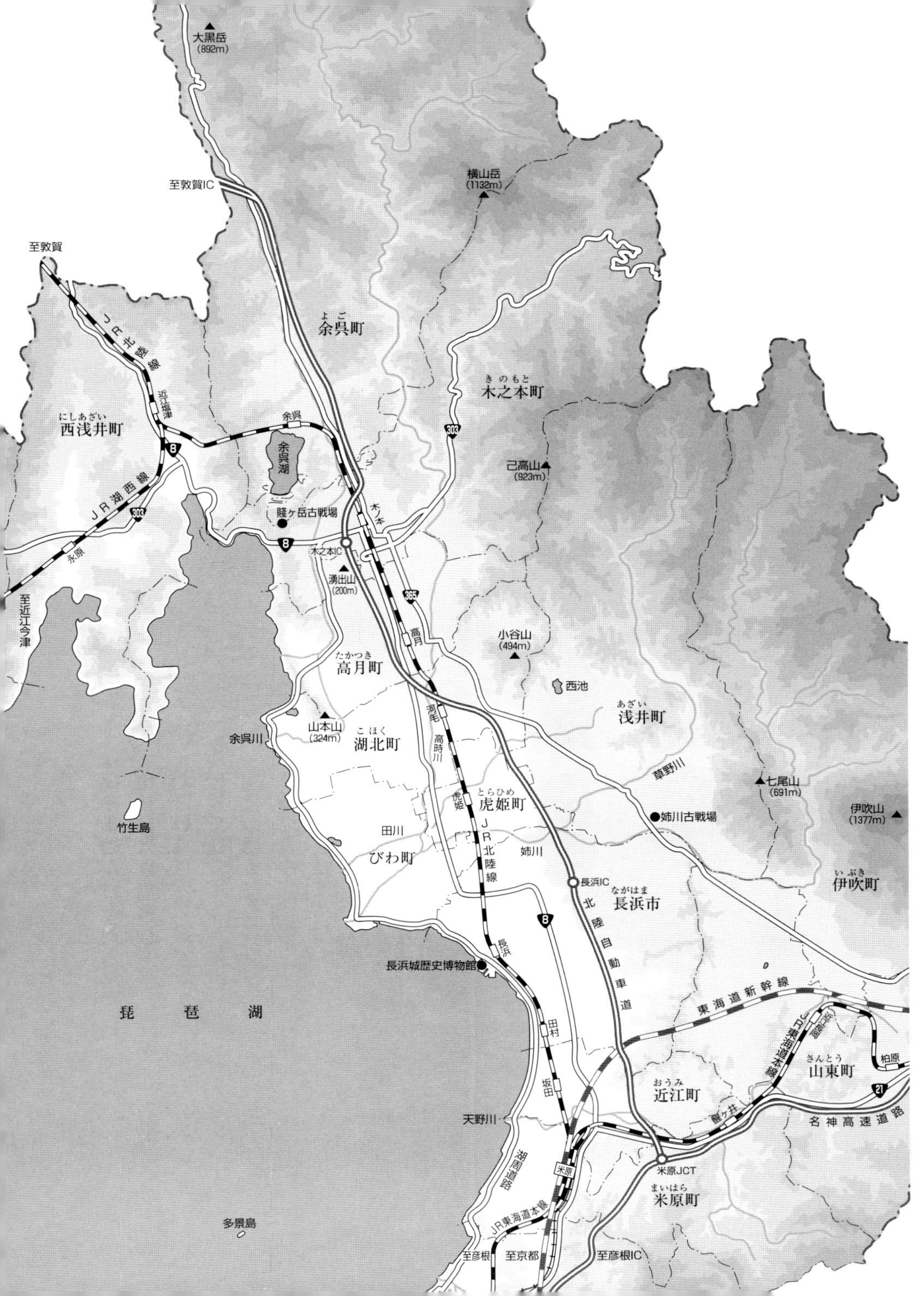

大黒岳
(892m)
至敦賀IC
横山岳
(1132m)
至敦賀
JR北陸線
近江塩津
余呉町《よご》
木之本町《きのもと》
西浅井町《にしあざい》
余呉
8
303
余呉湖
己高山
(923m)
JR湖西線
303
賤ヶ岳古戦場
木ノ本
8
木之本IC
永原
湧出山
(200m)
365
至近江今津
高月
小谷山
(494m)
高月町《たかつき》
西池
河毛
浅井町《あざい》
山本山
(324m)
湖北町《こほく》
余呉川
高時川
草野川
七尾山
(691m)
虎姫
虎姫町《とらひめ》
姉川古戦場
伊吹山
(1377m)
竹生島
田川
JR北陸線
姉川
びわ町
長浜IC
伊吹町《いぶき》
長浜市《ながはま》
北陸自動車道
8
長浜
長浜城歴史博物館
東海道新幹線
琵琶湖
田村
JR東海道本線
近江長岡
柏原
山東町《さんとう》
坂田
近江町《おうみ》
21
醒ヶ井
名神高速道路
天野川
湖周道路
米原
米原JCT
米原町《まいはら》
多景島
JR東海道本線
至彦根
至京都
至彦根IC

田の神迎え

わが国は、水稲栽培を主とする農耕社会でありましたから、民俗信仰として農神（野神）を祭る習俗は、瑞穂国《みずほのくに》と称した古代以来今日まで永く伝承実践されています。それは、稲作の進行にともなって、折目、節目にいとなまれてきました。

一年を通じてみると、春耕に先だっての神迎え（田の神迎え）、苗代《なわしろ》、播種《はしゅ》（タネまき）、水口祭、初田植（サビラキ）、サナブリ（田植えじまい）、そして、田の神を送る収穫祭がおもなものでした。

祭るべきときに神を迎え、事終わってもこれを送るのは、わが国の古い信仰であり、神は人界には常在せず、降臨して祭をさずけると信じられてきたからです。

つまりそれは、神の去来観と結びついていて、山の神が春に里に下って田の神となり、水田の生育を見守って、秋には再び山に帰るという伝承となりました。

島根県には田の神の祭日を山の神祭の日とする地方があり、田植えには山の神が早乙女《さおとめ》になって現れて手伝ったという伝承もあります。山形県と新潟県の県境付近では、山の神と田の神は同一視されており、写真の伊香郡余呉町摺墨《するすみ》の山まいりも、まさに田の神迎えの儀式です。

摺墨区では、田打正月（一月十一日）に先だって、一月四日に山まいりをします。この日村人は、山の神をまつる場所近くの木の枝に神飾りをし、その下にクリの木を小さく割り和紙を巻いた十二本の串と、餅、米、豆を包んだ十二の紙包みを供えます。同町上丹生《かみにゅう》にも同様の習俗が伝わっています。そして、アキの方（恵方）を拝むのです。

アキの方は歳徳神の吉方。一切の凶殺をさけ幸福を司る大吉方（暗剣殺の反対の方角）で何のさわりもない方向とされています。

このように田の神迎えは、水にも恵まれ、風水害に見舞われることなく、イモチなどの病気やイナゴやウンカなどの害虫の被害もなく、無事収穫が迎えられるようにと祈る農神（野神）迎えの儀式でした。

▲雪の中で行われる田の神迎えの儀式。串が12本、餅、米、豆の紙包みも12包、豆も12個。山の神は1年に12の子を産むという伝承から、12の数に豊作への祈りがこめられます。(昭和59年1月、余呉町摺墨で)

藁《わら》仕事

湖北に白い季節がめぐってくると、昭和四十年ごろまでは、あちこちの家から藁仕事の音が聞こえてきました。

しんしんと降るボタン雪は、あらゆる音をかき消すカーテンのようでしたが、雪のカーテンを通りこして聞こえる音がありました。

トン、トン、トン、トン、の音は石の上で木槌《づち》で藁を打つ音です。ガシャン、ガシャンは筵《むしろ》を織る音。ガーガーガーガーは縄を機械でなう音です。

俵やコモを編んだりする藁仕事に音はありません。黙々と根気よく、一本一本藁しべを重ねながら編み目を伸ばしていきます。藁にいのちを感じ、藁と語り合うような雪の中での生活でした。

日本人は、一本の稲藁も無駄なく使いこなしてきました。祭祀用、水田用、生活用、畑作用、養蚕用とその用途は際限なく広いものでした。祭祀用は、藁を神迎えの座としたり、祈りの器や用具としてきました。

神社に欠かせない注連縄《しめなわ》はその代表的な物ですが、大鏡餅《もち》を囲うオカワやそれを運ぶ負い縄、コモなどもありました。

家庭用では、藁靴《わらぐつ》、草鞋《わらじ》、草履《ぞうり》、蓑《みの》、笠《かさ》、箒《ほうき》、フゴなどさまざまでした。フゴはベビーサークルとしたり、野良での食事用の櫃《ひつ》入れ容器ともしました。野良用は、筵、縄、コモ、俵、カマス、テゴ、モッコなどです。もしも縄がなかったら、日本の社会はどうなっていたことでしょう。養蚕用では、上簇《じょうぞく》用シク、縄網、半畳筵などがありました。

これらはほんの一例です。おそらく何百種類もの用途に藁は使われてきたことでしょう。こんな藁仕事は高度経済成長下に入り農家が現金収入を求めるようになったため、次第に姿を消していきました。

しかし湖北は、東北地方のように出稼ぎの必要はありませんでした。養蚕という副業が農家経済を支えてくれたためです。だから、冬の間はのんびりと藁仕事に農家の人たちは打ち込めたのでしょう。

◀コモを編む人。神事用のコモをつくっているところだが、米の供出用の俵もこの方法でつくられました。（昭和53年１月、浅井町八島で）

草履《ぞうり》

おばあさんが両手両足と口を使って上手に草履《ぞうり》を編んでいます。草履は稲藁で作る簡単な履物です。いまでは、もう見かけることもない光景ですが、昭和三十年代くらいまでは、冬の間に自家用草履を自給してきました。

草履には、普通型のものと、足の半分くらいでつま先だけに履く「足中《あしなか》」と言われるものと、草鞋《わらじ》がありました。足中は、野良行きや田んぼ仕事にはじつに重宝なものでした。履物が泥に吸いとられやすいため最少限の足の保護用でした。とりわけ、春先に平らな鋤《すき》で土を起こす「田はね」の作業には、なくてはならないものでした。

田はねは、「ホリ」といわれる平鋤《ひらすき》を両手で持って土の上に立て、足で踏んで二〇センチくらいの深さまで入れ、いったん前へ倒してこじ、次に手前に引きながら足で踏んで土の固まりを前へ倒してゆく作業です。

この作業は、長靴では余計疲れます。地下足袋《じかたび》ではぬれてドロドロになってしまいます。足中草履がちょうど手ごろでした。泥を洗い落として干しておけば何回でも使用できました。

昭和二十年代の前半は、子供の通学用の履物は草履が主流でした。二十年代の後半にゴム靴が登場したのです。ズック靴と言った運動靴は昭和三十年代に入ってから登場してきました。

牛や馬にも荷運搬のときにはツメの保護用に草履を装着させている光景を時折見かけました。

草履作りは、冬の間の農閑期《のうかんき》の仕事でした。普通は、厚い板の上に四つ歯の板を立てた草履作り台をつくり、その上に座りこんで作業が行われました。写真のような足の指より力が入るためか、かたく締まった丈夫な草履ができました。

草履作りは藁《わら》打ち仕事からはじまります。庭の隅に埋められた石の上で、コンコン、コンコンと藁が柔らかくなるまで木槌で叩《たた》きます。そして、写真のように四本の縄のわくに藁を通して編みあげていきます。縄の用意ができれば、見ている間にできあがります。

◀両手両足と口を使って上手に草履を編むおばあさん。（昭和53年ごろ、余呉町で）

筵《むしろ》織り

筵は農家の生活と農作業に欠くことのできない敷物でした。

生活用としては畳代わりになりました。土間に糠《ぬか》(籾殻《もみがら》)を一〇~一五チ《セン》の厚さにまき、その上に上敷きとして敷いたものです。畳もハレの日以外は使わず板の間とし、筵敷きとしている家を多く見かけました。

農作業用としては、秋の脱穀用の下敷きや籾干し用になくてはならないものでした。

それを織る道具は実に簡単なもの。写真のように、衝立《ついたて》のような木の枠へ上下に五〇本ほどの縄を回し、前後にずらした縄の間へ「くじらひげ」とも言われた竹の筬《おさ》の先に藁《わら》をひっかけて通し、上からトントントンとしめつけて織ってゆきました。

稲藁は田んぼの中でも青く腰折れしていない場所のものを吟味し、小さな束を藁稲架《ばさ》で乾燥させて材料としました。そして、織る前にハカマといわれる葉の部分を鉄櫛のような千把《せんば》で取り除き藁の芯《しん》の部分だけを用いました。

織る前には固く締まるように水に浸して織られたものです。藁の穂先は細いため一〇本ずつほどを左右から交互に挿入して上からたたきました。その力加減で出来、不出来が決まります。藁の目がよく締まった筵は水も通さないほどでした。

この手織り筵織り器では一日一枚織るのがやっと。戦後、足踏み式が普及し、一日三~四枚織れるようになり能率もグーンとアップしました。手織りの時代は、女が筬で藁を通し男がたたいて締めつけるという夫婦共同の作業風景をよく見かけましたが、足踏み式の普及とともに筵織りの際の夫婦の会話も途切れてしまいました。

筵は二つ折りにして両端を細縄で縫い上げればカマスになり、菜種や麦の供出用や籾運搬用の容器となりました。藁を一方通行の形で織ればテゴになり、用途に応じて、養蚕用には半畳《はんじょう》筵も作られました。筵は、日本人が生み出した藁文化の代表的なかたちでした。

▲木の枠に縄を上下に回し、縄の間へ藁を通して織り上げる筵織り器。左下では俵《たわら》織りが進んでいます。（昭和40年、余呉町で）

田舟

雪の季節の農家の納屋の前に、箱ゾリとも言える田舟が置かれています。

秋。「じゅる田」、あるいは「ドロ田」と呼ばれた湿田の稲刈りに使った道具でしたが、冬になると雪捨て運搬具、スノーボートとしても使われたようです。雪深い県北の村、伊香郡西浅井町集福寺でのスナップです。

　豪雪に見舞われると、雪捨ては大変な重労働でした。屋根の雪下ろしをすると道路は庇《ひさし》につかえるほどの雪になります。近くに川があればよいのですが、なければ、川まで一輪車などで運ばなければなりません。そんなとき、写真の田舟は一輪車何代分もの働きをしたのです。

　昔は、湧水田や排水不良田が多く、秋の好天時でも膝《ひざ》まで泥の中に沈むことがあったのです。稲刈りは、二握りの藁《わら》の先を結んで結束用の「スガイ」を作り、その上へ刈った稲を乗せていきます。湿田では稲も穂もドロドロになってしまうのでこの田舟が必要でした。

　刈った稲を田舟に運び、その上で結束を終えると、今度は田舟ごと土手や畦《あぜ》のところまで引っ張って、安全な場所に稲を積み上げました。

　田舟は総じて「ガーコン、ガーコン」の足踏み脱穀機時代の産物でした。田舟の大きさは縦九〇センチ、横六〇センチくらい。稲束の一束分がやっと乗る大きさでした。

　もちろん、田舟を使っての作業効率はグンと落ちます。小さな猫の額《ひたい》のような田は、とても手間がかかります。湿田は案外、稲の出来はよかったのですが、湧水田はさんざんでした。地下水や伏流水が自噴しているため、一株当たりの稲の本数が少なく丈も短く、そのうえ未熟米が多く出たのです。手間賃にもならなかった湿田の秋。鶏のエサにしかならないと思いつつも、農家の人はその収穫にいそしみ、収量に望みを託しました。

「耕して天に至る」の諺《ことわざ》とは逆に「耕して沼に至る」と言えそうな当時の農作業のようすを語る道具です。

▲冬、雪捨てのスノーボート代わりにも使われた田舟。湿田の稲刈りになくてはならない道具でした。（昭和53年１月、西浅井町集福寺で）

雪

積雪が庇《ひさし》を越え、家の人が二階の窓から出入りしています。屋根の雪が少ないのは毎日雪下ろしされているからです。昭和五十六年（一九八一）二月、余呉町田戸《たど》でのスナップです。

この年は、気象台観測史上最高の豪雪が湖北を襲いました。いわゆる「56豪雪」。一月十一日から降り続いた雪は、一月二十三日に余呉町中河内《なかのかわち》で六・五㍍を記録しました。長浜市内でも二㍍近くになり、湖北地方で九人の死傷者が出、家屋の全半壊は三二戸を数えました。小学校の体育館が全壊した所もありました。

湖北の人は雪に慣れているとはいえ、雪との闘いは大変です。屋根の積雪が多くなると家がミシミシ鳴り、戸や障子は開けられなくなります。大屋根の雪が落下すると庇を折ってしまいます。屋根が雪に埋まると、好天後に雪質が締まる力で家を押しつぶしてしまいます。ですから、たえず家の周囲には空間をつくっておかなければなりません。

雪深い山村では昔から念入りに冬に備えました。家の周りには雪囲いをし、屋根には山野に自生する萱《かや》で編んだ菰《こも》を敷き、一日中囲炉裏《いろり》の火を絶やしません。そのため、秋の終わりに薪《まき》や柴《しば》をたっぷり用意しました。一番の備えは食糧です。野菜、山菜などの多彩な保存食は豪雪から生命を守る暮らしの知恵から生まれました。

水も枯れるため、風呂も何日かに一度。隣近所で「もらい風呂」もしあいました。

雪の中で病気にでもなったらおしまいです。そのため、薬草であるゲンノショウコを煎《せん》じてお茶代わりにしたり、餅やニンニク、落花生、山芋などで体力をつけたり、健康にはみんなが細心の注意をしたものです。

子どもたちはカマクラづくりや雪合戦に大喜びですが、我が子のために朝早くから通学路の雪どけに出動する母親はひと苦労でした。雪は耐える力と助け合う心をはぐくんでくれました。同時に、食文化や農耕儀礼など多彩な民俗文化も残し伝えてくれました。

▲家の庇より高くなった積雪のため、２階から出入りする住民。屋根の雪下ろしに明け暮れる毎日だ。（昭和56年２月、余呉町田戸で）

粥占《かゆうら》い

粥占いは年占いの一種で小正月（一月十五日）に粥を用いてその年の豊凶を占う祭事。戦前までは全国各地で広く行われていました。とくに、その年の気象条件で収穫に大きな影響をうける山村に多かったと言われています。もとは、一村共同または一族の本家で行われましたが、家々の結合がゆるんでどの家でも試みるようになると、隣どうしでも結果が異なることから、自然にその価値が疑われるようになって急速に衰えたようです。

湖北地方において、一村共同でいまもこの慣習が受けつがれているのは、東浅井郡湖北町延勝《えんしょう》寺《じ》区のみです。

延勝寺区では、毎年、小正月がすぎ、オコナイを終えた二月十五日に行われています。区長、宮世話、三つのオコナイ組の新旧頭家《とうや》、氏神隣家の一〇人が社務所へ集まり、小豆《あずき》ご飯の中へ竹管を入れて炊き込み、竹の穴の中へ入った飯粒の多少で豊凶を判断します。

竹管は元日に準備され当日まで神前に供えられます。長さ約一五㌢、割りばしが通る太さの穴の女竹一八本には、作物名が記号で刻まれています。

写真のように、米や麦だけでなく、今は見ることもできないような粟《あわ》、黍《きび》、稗《ひえ》、莨《たばこ》などの作柄も占われます。桑《くわ》、春蚕《はるこ》、夏蚕《なつこ》、秋蚕《あきこ》の文字から、かつての養蚕地帯の面影をしのぶことができます。下田は湖岸の開墾田です。琵琶湖の増水で冠水することが常だった延勝寺区の宿命的な土地柄を物語っています。

延勝寺の人たちは、この結果を、いまも、その年の作付けのめやすにしています。さて、この年の結果はどう出たでしょうか。糯《もち》下ノ中、早稲《わせ》下ノ中、中稲《なかて》上ノ中、晩稲《おくて》中ノ中、大豆上ノ下、小豆《あずき》上ノ上、麦は上ノ下でした。

毎年八月七日、東浅井郡虎姫町三川にある玉泉寺の井戸替え行事でも、水中から出た籾の粒と数によって豊凶占いが行われます。粥占いに頼らなければならないほど、自然の猛威に翻弄《ほんろう》されてきた村の生活が垣間見えるようです。

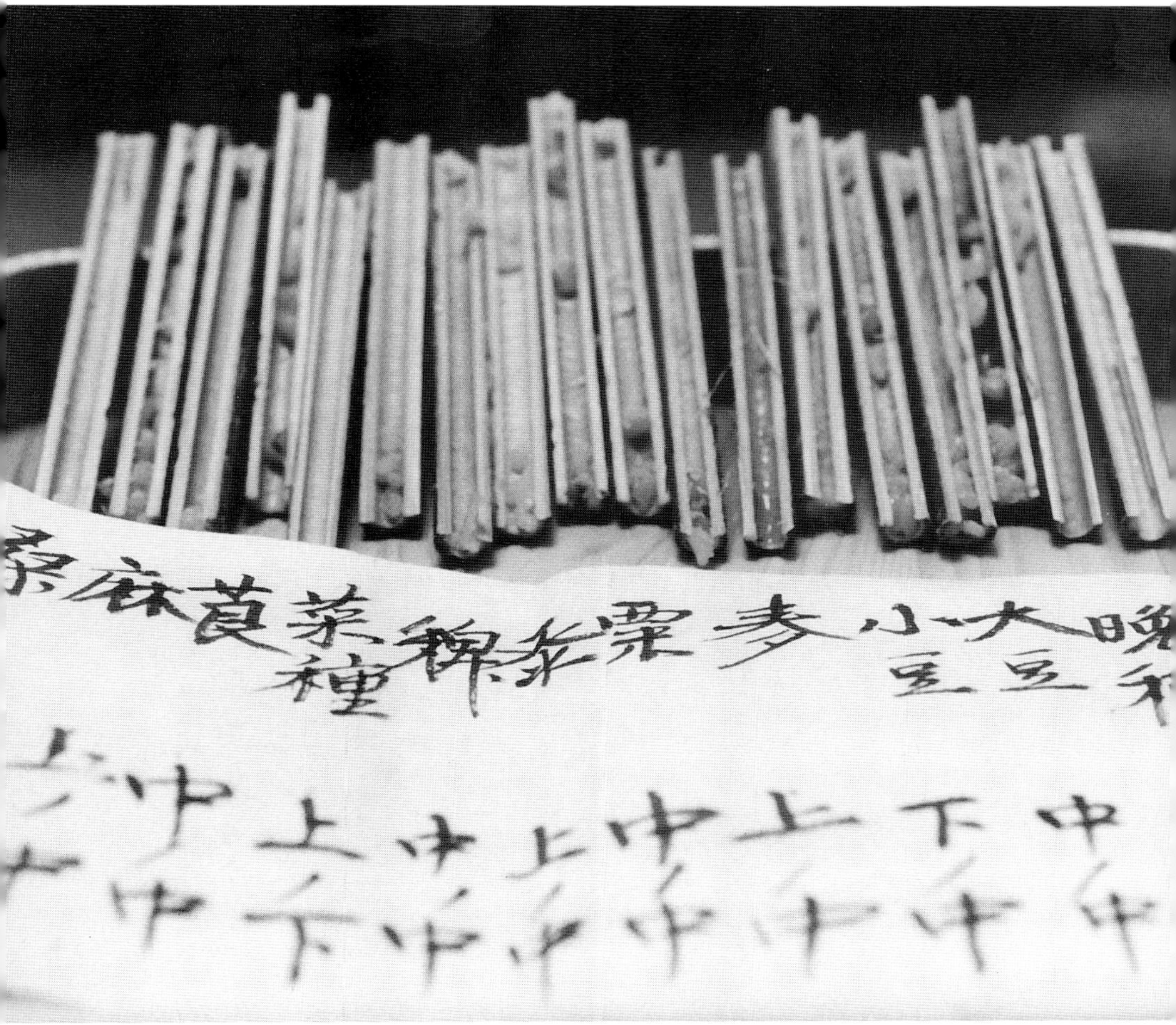

▲竹管を小豆ご飯に投入して炊き込み、穴に入った飯粒の数で豊凶をみる粥占い。米麦はじめ18種の作柄が占われます。(昭和53年2月、湖北町延勝寺で)

オコナイ

一月から三月中旬にかけて、湖北の村々では、「オコナイ」が盛んです。それは、湖北のみの行事ではありません。滋賀県草津市の一部や奈良県吉野地方にも「オコナイ」は伝承されています。出雲（島根県）地方の御頭行事も、まさにオコナイです。しかし、湖北のオコナイには特筆される点がいくつかあります。

氏神をもつほとんどの村で伝承されている予祝行事でその集積が大きいこと。入村者を律する「座」が存続されていること。野神祭との深いかかわりが見られること、時期が、修正会、田打正月、小正月、修二会の時期に集中しており、神仏習合のかたちが残されていること、などです。

それは、神のもとで村の絆《きずな》を固めるために行われた農民の生産暦の中の年頭の行事であり、もちや餅花の木、藁《わら》作りのエビなどを供え、精進潔斎し、灯明や松明《たいまつ》をかざす慣習は、太陽の復活を願い、春を待つ神迎え行事だったと言われます。

祭祀組織は、全村で、オコナイ組単位で、若衆組で、などさまざま。中でも、伊香郡内に多い「モロト」「一年神主」に見られる「宮座」、東浅井郡びわ町川道の新規入村者を排する「村座」は注目されます。

宮座は、近畿地方に多いとされる特殊な神社祭祀組織です。氏子が均等な権利義務をもって神事に参与するのではなく、氏子の一部が特権的に神事をつかさどる祭礼組織でした。

オコナイ執行にあたっては、くじに従う、精進潔斎する、ぜいたくしない、頭家《とうや》を助ける、女人は禁ず、年長者をたてる、といった掟《おきて》が今も生きています。そして、神前での儀式は、ピーンと皆が緊張する厳粛な一瞬です。餅、餅花（繭玉《まゆだま》、花の木とも言う）、エビなど神饌も多彩。あとはにぎやかな余興。この神がかり行事を中心に湖北の村々の自治は保たれてきました。

写真は、湖北で最も見事な繭玉といわれる長浜市宮司《みやし》町のもので、しだれ柳の枝いっぱいに餅がつけられ、深夜、一〇人がかりで氏神に奉納されます。

◀オコナイでは、柳や桜の枝に餅をつけた餅花（繭玉）のもと、男たちが羽織・袴でいずまいを正す。（昭和56年2月、長浜市宮司町で）

大鏡餅

餅は古来から力（生命力）の源泉とされてきました。鏡餅が円いのは、生命力の更新をはかろうとしたものであるといわれています。また、望《もち》（満月）の象徴ともされ、神への供え物となりました。まさしくハレの日の食品だったのです。

湖北のオコナイは、この鏡餅がシンボルになっています。いちばん大きく豪壮な鏡餅はびわ町川道のもの。一つが一俵（六〇キログラム）もあり、それを七つの組がお供えするのです。川道では、頭屋があたると、よい鏡餅をつくるため、昔は前々年から一穂一穂、籾を選ぶ「穂選び」をして鏡餅用のよい糯米づくりに努めたといいます。搗き上がった餅を枠に入れて出来上がった大鏡餅は、御輿に仕立てられ、八人の若衆にかつがれて村中をねります。

「オーシャン、シャンノー、シャントコセー」

威勢のよいかけ声を発しながら、火方、大太鼓、弓張、小太鼓、鉦《かね》、高張という七つの組の行列が氏神をめざすのです。

何人かではなく、一人が背中に背負って社参する所もあります。余呉町などでは頭人や前髪《まえがみ》（若衆一年生の少年）が背負います。

鏡餅のことばは古いのです。古代、銅鏡の時代から人々は鏡に映る像を物理的現象とは解せず、鏡そのものにこもる霊力と考えたようです。その力を尊び、鏡が神社のご神体になっていきました。このように、鏡餅は、神が依りつくとの思想から生まれたことばのようです。

高月《たかつき》町高野《たかの》の大鏡餅は、直径が八〇センチちかい鏡のような立て餅です。人の顔が映るくらい平らにつくられます。

奈良東大寺二月堂のお水取りや薬師寺の花会式と同様に、修正会《しゅじょうえ》、修二会《しゅにえ》がルーツとされる湖北のオコナイは、仏教悔過《けか》の儀式から、しだいに神事の様相を強め、鏡餅も大きさを競うようになり、養蚕の豊作をねがってマユ玉（まい玉＝繭玉）なども生み出しましたが、大鏡餅は昔も今も湖北のオコナイのシンボルとされています。

▲神社に奉納された、一つが1俵もある大鏡餅。(昭和54年3月、びわ町川道で)

春準備

雪がとけて春がきたと思ったとたん、戻り寒波で吹雪になりました。畔《はん》の木に霧がかかったような光景の中で、夫婦がせき立てられるように野良へ出て春耕の準備をしています。

農夫がホリ（四角い鋤《すき》）を手にしているところを見ると、畦《あぜ》伏せ作業をしておられるようです。

毛糸の防寒帽にでんち姿のところを見ると、よほど寒い日だったのでしょう。

当時の県北地帯は見事な畔の木並木が続いていました。畔の木は村を包む緑の屏風《びょうぶ》のようでした。

春になると、機械を使うまでにどうしても手作業ですませておかなければならない下仕事がありました。畦こぼち、きめつけ、畦伏せなどの仕事です。それまでから苗代用の土の用意をしておかねばなりません。雪の中で体力をつけた湖北の人たちは、雪どけを首を長くして待ちました。

三月になれば、雪がちらついても、天候が崩れても春耕の準備にかからないと四月になると一挙に忙しくなり、田植えなどに支障が出るからです。

畦伏せは、隣の田との間に畝《うね》をつくる作業です。ホリで土のブロックをつくって一直線に並べました。その前に古い畦を取りこぼち平らにしなければなりません。

畦こぼちは女性でもできる手軽な仕事だったため写真のように夫婦で野良へ出たものです。この夫婦はどんな会話を交わしておられるのでしょう。しぐさの中に夫婦の絆《きずな》が見えるようです。

今日では、圃場《ほじょう》整備事業の完了でこんな風景を見ることもできません。以前は田んぼの数だけ畦伏せをしたものですが、圃場整備で恒久的な畦ができてから畦伏せ作業は不用になりました。同時に畔《はん》の木も消滅していきました。

畔《はん》の木の根元では、もうネコヤナギが銀色の柔らかい芽をふいていることでしょう。フキノトウも黒い土を割って顔をのぞかせているころです。

畦伏せなどの春準備が終わると、湖北の春は駆け足でやってきます。そして、野の梅やコブシが白い花をつけて春の訪れを告げてくれるのです。

◀戻り寒波で吹雪が舞う中で、畦伏せに精を出す夫婦。（昭和52年３月、高月町東柳野あたり）

畦《あぜ》伏《ふ》せ

農家の人が「ホリ」といわれる四角い鋤《すき》で土のブロックを一列に積み上げています。春耕前に隣の田との間に畔をつくる「畦《あぜ》伏《ふ》せ」作業です。

写真は、伊吹《いぶき》山がいちばん美しく見えるという長浜市神照町あたり。写真の人は畦伏せに慣れていないようです。畦と溝がくねくねと曲がっています。上手な人、丁寧な仕事をする人は、その線が一直線に走ります。細引きロープなどを使って、実に見事に畦を伏せます。

粘土質の湿田の土は、羊羹《ようかん》を切ったようにきれいに並びます。乾田は畑土のように崩れやすいのですが「りんちょく人」といわれる丁寧な仕事をする人は、見事な土の基礎をつくりました。

この作業の前には、古い畦をこぼち、平らにならして足で土を踏みつけて固めます。この作業に手抜きをすると水が漏れてしまいます。ケラやミミズが発生し、それを追って野ネズミやモグラが縦横に穴をあけてしまうからです。丁寧な仕事をしても畦の入り口を板などでふさいでおかないとモグラなどの格好の遊び場になってしまいます。

畦伏せは腰の痛い仕事です。溝にする両側にホリできめをつけ、一五《センチ》くらいの厚さに土を切って、リズムをとってさっと伏せるのです。年配の人は実にうまく体で拍子をとります。

長浜を中心とする湖北平野は奈良時代に条里制がしかれ、区画整然とした水田に整備されていましたから畦伏せも楽な方でした。区画の小さい段々の田や不整形な田は、畦の延長も長く、作業も大変でした。

畦伏せが終わるとトラクターでの耕起です。その後に水を入れて砕土し、板で平らにならして田植えの準備をします。田植え前には、畦際《あぜぎわ》に水漏れがしないよう波板を入れて畦をカマボコ型に泥で塗り上げるのです。

四十年ごろまでは畦に大豆や小豆《あずき》を植えました。畦は水管理用の通路にも使います。

水田を区切る幅二〇《センチ》あまりのこの土手には、農民のさまざまな思いがこめられているのです。

◀伊吹山を背に畦伏せ作業に汗を流す農家。（昭和52年３月、長浜市神照町で）

苗代《なわしろ》準備

雪がとけて黒い土が姿を現しました。大地が深呼吸しているようです。農家にとっては気ぜわしい季節の到来です。湿った田面から春の日差しをうけて湯気《ゆげ》のようなものが立ちのぼっています。

写真の四角い区画は苗代《なわしろ》です。いくつもの区画がつくられていますが、一区画でほぼ一〇アール用の苗を育てます。

昔は水苗代でした。区画の端は耕さずに残して真ん中の部分を砕土《さいど》し水でこねました。

苗代づくりは手間のかかる仕事です。土のブロックを小さく砕き、稲の株は取り除いたり埋めたりします。砕土できると水を入れてドロドロにし、鏡のように平らにして種を播きました。

そこへ水を張った状態を水苗代といい、苗の生育を促し、カラスやスズメの食害を防ぐために油紙やビニールで覆ったものを保温折衷苗代《ほおんせっちゅうなわしろ》といいました。

最近はほとんど電熱育苗《いくびょう》に変わりました。が、畑のハウスで育てる以外は、育苗器で一～二センチ芽を出した苗箱を田へ下ろしてビニールトンネルで覆って昔ながらの苗代づくりをしています。直播《じかま》きが田植機用の箱播《はこま》きに変わっているのです。

苗代づくりに農民は几帳面《きちょうめん》さを競いました。乱雑な仕事をしておくと水が均等につきません。苗の生育にもムラが出ます。それだけでなく「あらけない仕事」「りんちょくな仕事」などと、人の目が自分の人間的な評価につながることもあったためです。

種播きの日は、今日では田植えの予定時期から逆算して機械で箱に播かれて電熱育苗器に入れられますが、昔は、花や風、雲、残雪などを目安に野良の仕事を進めました。

湖北は兼業農家が多く、農業機械の普及率は日本一といわれます。機械化されても、農協でつくられた苗を購入しているとコスト高になるため各家庭で苗づくりをされている現状です。しかし、サラリーマンの日曜百姓にとって、機械を使えない作業は大変な重労働です。

◀雪どけとともに始まる苗代準備。区画の端の部分を残して真ん中を砕土し、鏡のように平らに均します。（昭和53年３月、木之本町千田で）

春耕

伊吹《いぶき》山が残雪の山容を春の陽に輝かせています。黒々とした大地が姿を現しました。写真手前の黒いところはトラクターによる耕起作業が終わったところです。

快晴無風の日は野良仕事も爽快《そうかい》です。昔は「田はね」といってホリといわれる四角い鋤《すき》で三〇《センチ》四方くらいの土のブロックを起こし、藁《わら》を埋め草が下になるようにコロンコロンコロンとひっくり返したものです。その後、牛耕のような鋤がついた耕運機が登場し、昭和四十年代になると小型ロータリーが登場しました。

いまはトラクター。二《メートル》くらいの幅でロータリーといわれる金属製の爪《つめ》が回転して土を起こして小さく砕土します。クルマを運転するような軽快な作業です。

トラクターによる耕起は田の両端で旋回する以外は深さもコンピューターで自動制御するため、丸ハンドルの上へ両足をデンと投げ出していても自走します。ヒバリがピーピーピーとせわしげにさえずると足元に巣があったりします。

土の中からは、ケラやカエル、ミミズ、野ネズミ、モグラなどが顔を出すこともあります。カラスがちゃんと待ちかまえています。田面に水を張る四月下旬にはユリカモメの大群がやってきます。

白く輝く伊吹山は近江高天原やヤマトタケルの伝説を秘めた山。丹波《たんば》の大江山に棲む酒呑童子《しゅてんどうじ》になったという伊吹弥三郎の話も伝わっています。古代から山岳信仰の山として崇められ、いまもご来光を拝もうとする夏山の夜間登山が盛んです。

そんな伊吹を朝な夕なに仰ぎ拝んできた湖北の人びと。とりわけ、長浜市内の人々の伊吹に寄せる愛着と感情は特別です。

「今年は雪が多いからタネまきを五日くらい送らせよう」。人々は伊吹の残雪の量をその白さで見きわめ、野良仕事の目安にしてきました。

でも、田んぼの雪が消えると、人々は家にじっとしていません。せき立てられるように野良へ飛び出し、春の作業に汗を流します。

▲伊吹山が白い山肌を春の陽に輝かせる中で、トラクターによる耕起作業がどんどん進み、黒々とした大地が姿を現します。(昭和56年３月、長浜市国友町で)

田はね

田んぼを「ホリ」といわれる鋤《すき》で掘り起こしていく「田はね」の作業は、昭和四十年代の初めまでよく見かけた光景でした。

藁《わら》や刈り草を掘った溝に入れ、土のブロックで埋め込んでいきました。一、二、三、四、とからだでリズムをとって、ひと切れ、ひと切れ丹念に掘り起こす田はねは、なかなかの重労働でした。一反（一〇アール）の田起こしに二日も三日もかかります。朝、昼、晩のほかに、午前と午後の二回「小昼《こびる》」をとる一日五食も食べたほど肉体の消耗の激しい仕事でした。

掘り起こした土のブロックは、整然とした模様をつくっています。そこからは農家の人柄がしのばれました。

田はねが終わると、田に水を張って砕土する「くれ割り」。その荒砕きが終わると「マグワ」で地ならしする「しりふみ」。そのあと田植えの作業に入りました。

大きな田を一人で作業するのは寂しく、余計に疲労感を感じるもの。そのため、農家は手間を貸し借りする「結《ゆい》」をし合うなどして激しい労働を乗り切ってきました。

写真の田は、稲株から芽が長く伸びています。前年早稲《わせ》が植えられ、収穫後に刈り株から伸びた芽が冬の寒さで枯れたものです。

こうした田起し作業は、太古の昔から昭和三十年代まで連綿と続いてきました。四十年代に入って、牛が引っぱる鋤《すき》を機械に代えた耕運機が登場。その後、耕起用の爪《つめ》が回転するロータリー式耕運機に代わり、五十年代に入って乗用トラクターが急速に普及しました。農業の機械化は、ここ三十年ほどの間に日本の農業形態を塗り替えてきたのです。

「田はね」の作業のようすを、いま、子どもたちに説明しようにもうまく言葉で説明できませんが、この一枚の写真は、それを如実に語り伝えてくれています。

▲「ホリ」で田土を掘り起こし、肥料にするため藁を埋めていく「田はね」の作業。(昭和45年、長浜市鳥羽上町で)

トラクター

大きなトラクターがロータリー（爪）を回転させて土を掘り起こしています。一・七メートルもの幅で、見る見るうちに田んぼが黒くなっていきます、

黒い土をめがけてカラスがどこからか飛んできます。ケラやカエル、ミミズが土の上に放り出されるため、そのごちそうを目当てにやってくるのです。四月上旬、田んぼに水を入れての砕土作業のころは、ユリカモメがトラクターの周りに群がるようになります。

黄砂か、かげろうか、背後の山がぼんやりとかすんで見える春の日です。こんなポカポカ陽気もあれば、寒の戻りのような寒さで身も縮む花冷えの日もある春耕のころ。メイストーム（春の嵐）が吹き荒れることもあります。

農作業は、ここ三十年ほどの間に機械化が進み、近年しだいに大型化しています。写真は、四二馬力の四輪駆動のトラクター。コンピューターが内蔵されていて、ボタン操作一つで深さが自動調節でき、車体が前後左右に傾いてもロータリーが水平位置を保つようになっています。

それだけに、値段も一台四二〇万円。三〇アールの作業時間は一時間あまり。手作業のころは二人がかりで、一日一〇アールがやっとでしたから、農作業の効率化は隔世の感があります。

湖北地方の農業機械の普及率は日本一と言われます。小さな兼業農家でも機械は一式取りそろえてきました。トラクター、電熱育苗器、田植機、動力噴霧機、コンバイン、乾燥機、籾《もみ》すり機など、全部で一〇〇〇万円近くの機械投資です。その上、軽トラックや農作業場なども不可欠です。

一ヘクタール（一町歩）程度の農業なら、米の収穫は五四〇〇キロ（九〇俵）あまり。うち八〇俵をコシヒカリで出荷すれば、収入は一二〇万円程度。肥料、農薬、水利費、材料費を差し引くと八〇万円も残りません。機械の減価償却費を計上すれば赤字です。手間賃も出ない格好で、機械化貧乏と言われるゆえんです。労力費と減価償却を計算外にしているため、農業の維持ができている現状です。

▲コンピューター制御の四輪駆動のトラクターがうなりをあげる春耕作業。
（平成元年３月、長浜市国友町で）

移流霧《いりゅうぎり》

三月のお天気は気まぐれです。その気まぐれ天気が時に幻想的な光景をつくり出すことがあります。

地表から白煙のように水蒸気が立ちのぼる「移《い》流霧《りゅうぎり》」と言われる現象も、気象異変が演出する大自然のドラマです。

移流霧は三月から五月にかけて、年に一回くらいしか見られない珍しい現象です。

暑さ寒さも彼岸までと言われますが、春の彼岸（三月二十一日）すぎに「寒の戻り」と呼ばれる寒さがぶり返した翌日、大変暖かい日などに見られます。田植えどきに発生することもあります。

前日に冷え込みが厳しく、冷たくなった大地の上へ高気圧が張り出して汗ばむほどに水銀柱が上がるような日に起きる現象です。

それは、大地の深呼吸を見るようです。水をたっぷり含んだ大地が、大汗をかいているようです。背景の人家や鉄塔などの目ざわりなものをすべて消し去り、一幅の水墨画を見るような風景をつくり出してくれます。

弥生《やよい》三月（旧暦）は霞初月《かすみそめづき》と昔から言われるほど、三月から四月にかけては春霞がたなびく日が多いのですが、移流霧には春霞の比ではないダイナミックな自然の息吹きが感じられます。

田はね（春耕）や田植えの農作業の疲れをいっぺんに吹き飛ばしてくれる光景です。午前九時ごろから午前中によく見られますが、家の中にいると気がつきません。野良にいる者のみが味わうことのできる不思議な大地の異変です。

気象のメカニズムについての知識をもたなかった昔の人は、そこに神の存在を信じてきました。日本人の自然崇拝と美意識は、こうした四季の移り変わりの中の、みずみずしい異常の中から培われてきたとも言えるでしょう。

桜のつぼみがふくらむと、「月にむら雲、花に風」。花見のころには次の異変、春のあらしがしばしば起こります。

◀大地から白煙のような水蒸気が立ちのぼる移流霧。（昭和55年３月、長浜市新庄寺町で）

川ほり

村の人が総出で川底の泥をさらえています。春先、日曜日ともなると、各地の村々でこんな風景が見られます。川は農村と農家の生命線です。農業の排水路でもあると同時に用水路でもあり、村の生活用水や非常用水を確保する大切な役割を果たす水路です。ですから、この作業には農家だけでなく非農家も村中がこぞって出動するのです。

春耕前のひとコマです。土手の枯れ草の中をよく見ると、フキノトウがにょっきり土を割って顔をのぞかせています。そのカラは土まみれ。ツクシやタンポポにはまだ早い季節です。

畦《あぜ》や里道には無数に穴があき土が盛り上がっています。野ネズミやモグラのしわざです。雪の下で落穂《おちほ》をあさったりして長い冬を結構楽しんでいたのでしょう。その上を歩くとグサッと体が沈みます。

川ほり作業に出られないときは「出不足」を支払わなければなりません。不参料つまり罰金ですが、村では文句を言う人はありません。私が出られなかったためにみなさんに負担をかけた――村の人はそう理解しています。

ともに汗を流すのは気持ちがいいものです。自然と一体感がわいてきます。こんなときでないと顔を合わせることのない人がたくさんいます。奥さんや未成年の代理も多いため「あの子、どこの子？」こんな会話がよく聞かれます。この一体感が村を守る力になっています。

「自分たちの村は自分たちで守り、よくしていく」。その気概が自治の原型です。村落共同体は「神」という象徴と、こうした共同作業の積み重ねの中から培われてきました。

川ほりも、圃場《ほじょう》整備事業の完成によって姿を消しました。川は三面コンクリートになったり深い水路に生まれ変わってしまいました。圃場《ほじょう》整備事業や土地改良事業は畔《はん》の木を伐採しホタルやメダカなどの小動物を消滅させ、ヒガンバナなども根こそぎ土の下にしてしまいました。

▲農業用水の需要期を前に村中総出の川ほり。（昭和59年３月、長浜市国友町で）

野ネズミ

春先になると田んぼの畦《あぜ》や農道に縦横に無数に穴があいています。秋の終わりには見かけなかったのに、雪がとけると写真のようなありさま。その上を歩くと靴がグサッと土の中にめりこんでしまいます。モグラのしわざです。そして、モグラの穴にヤドカリのように野ネズミが巣くった跡なのです。

モグラは「おんごろ」ともいいました。田の畦に穴をあけて水漏れの原因をつくります。もっぱら鋭い嗅覚《きゅう》にモノをいわせて土の中のミミズやケラなどをエサにしています。

近年野ネズミも猛繁殖しています。農家の人たちは春先に穴の入り口に毒エサをまいて駆除にあたりますが、いっこうに減る気配がありません。

穴の中に稲穂がひっぱり込まれていることがあります。モグラの穴は、野ネズミの冬の間の格好のエサの貯蔵庫ともなったのでしょう。

モグラも野ネズミもめったに姿を見せません。毒エサをまいても食べたのかどうか、死んだのかどうか確認ができません。人間と野ネズミの知恵比べです。むなしいイタチごっこが毎年繰り返されているのです。村中総出で一斉に野ネズミ駆除にあたりますが、毎年春先には写真のようなありさまです。

秋の刈り取りと脱穀をコンバインで行うようになってから落穂《おちぼ》の量は多くなりました。稲藁が機械につまったり、操作が十分でないとたくさん穂がついたままカッターで切断されて藁は田んぼ一面にまかれてしまいます。これをいちばん喜んでいるのは野ネズミでしょう。食べきれないほどのエサにありつけるのですから……。農業機械の普及が野ネズミの繁殖を手助けしているようなものです。

雪の下の土の中で野ネズミたちは何をしているのでしょう。雪がとけて「におい」の藁を取り除くと、野ネズミの赤ちゃんが何匹もうようよしていることがあります。写真の穴は、野ネズミの愛の小径《こみち》だったのかもしれません。

▲田んぼの畦や土手や農道に縦横に無数にあけられたモグラの穴。その穴に野ネズミが巣くって繁殖を続けています。（昭和56年４月、長浜市泉町で）

タネおとし

苗代《なわしろ》への播種《はしゅ》を、全国的には籾《もみ》まき、種おろしなどと言っていますが、湖北地方では電熱育苗が普及したいまも「タネおとし」「タネまき」といっている農家が多いようです。

日本の農業は、昭和四十年代以降、すさまじい勢いで機械化が進みました。昭和二十年代は水苗代が大半でしたが、二十年代後半からタネをまいたあと苗代に油紙を敷く保温苗代が普及、三十年代になるとビニールのトンネル苗代となり、四十年代半ばから田植機の普及で電熱ハウス育苗が主流を占めるようになりました。

こうした機械化の進展とともに、タネおとしに伴う農耕儀礼も急速に忘れられた存在となってきました。

昭和三十年代までは、湖北でもさまざまな儀礼が行われていたものです。苗代の出来、不出来がその年の収穫を左右したため、大切な水の入り口、水口《みなくち》でお祭を行ったのでした。

そこには、伊勢神宮や多賀大社のお札、氏神のお札などを奉祭し、菜の花、椿《つばき》の花、杉の葉、桜、山吹、ウドの芽、樫《かし》の芽、栗や榊《さかき》の枝などを立て、焼き米、豆や玄米、赤飯、お神酒《みき》などが供えられました。

井上頼寿編『近江祭礼風土記』（昭和四十八年刊）によると、余呉《よご》町上丹生《かみにゅう》では播種にあたり水口に洗米を供え独鈷《とくこ》の葉を挿す。同町下《しも》丹生では栗と萩を挿す。同町池原では籾種を神職にはらってもらう。西浅井町黒山では、小形の俵に籾を入れて彼岸の日から水につけ、その日をタネバヤシと呼んで巫女《みこ》が湯の花をあげる、などの記録があります。

タネおとしは、夜明や日の出る前にまくとされました。それは、一年を通じた農耕儀礼の中で、春耕に先だっての大切な儀礼でした。苗代しごとが終わると村々に祭りばやしが聞こえてきます。四月上旬から五月上旬にかけて行われる湖北の春祭りは、タネおとしをすませた農民が、ほっとひと息つくくつろぎのひとときでもありました。

▲昔ながらの方法で苗代にタネおとしをする農家。昭和30年代以降。ビニールのトンネル化で苗の生育がよくなり、スズメやカラスの被害がなくなりました。（昭和52年 4 月、長浜市八幡中山町で）

苗代《なわしろ》

白いビニールのトンネルが春風にはためいています。透明のビニールですが、内側に水滴がびっしり付着しているため白く見えるのです。

これが苗代。水稲の稲を育てる苗床です。このトンネル風景は、いまもあちこちで見かけますが直《じか》まき苗代はもう見ることができません。

最近は電熱育苗器の箱の中で苗が作られます。芽が二～三センチ伸びたところで畑のハウスや田のトンネルに移され、田植えまでの間育てられます。農協の育苗センターの開設によって、田植えできる状態に育った苗を購入する農家が多くなっています。

昭和二十年代は水苗代が大半でした。苗床にタネ（種籾《たねもみ》）をまき、水を張って管理するだけのもの。水がついていないと、まいたタネをスズメに「ごちそうさま」とばかりに失敬され、大被害をうけることもしばしばでした。そのため農家では、スズメが恐れるヘビやカラスを苗代の上にぶら下げて自衛にやっきになったものです。

昭和三十年代に入ると保温折衷《せっちゅう》苗代が登場しスズメの被害の心配はなくなりました。これは、初め揚床《あげどこ》にして保温のため油紙やビニールをかけて生育を良好にし、芽が少し伸びたところで覆《おお》いをとって水苗代と同様に灌水《かんすい》育苗する栽培法でした。その後に登場したのが写真のようなトンネル方式です。

これは、苗床づくりがいちばんの苦労でした。土をドロドロにして丸棒で平らにならしました。土の表面に自分の顔が映るほど鏡のようにていねいにならしたものです。

まく種籾《たねもみ》の量は一反（一〇アール）分で二升（三・六リットル）が目安。それに約一六平方メートルの面積を要しましたから、大きな農家の苗代はトンネルが何十列も並び壮観でした。スズメの心配がなくなったと思ったら、今度は風の被害に泣かされました。強風が吹くと、せっかく張ったビニールが吹っ飛ぶこともあったからです。

◀土をこねてならした苗床にタネをまき、その上をビニールのトンネルで覆った苗代。昭和30年代以降に多かった保温折衷苗代。（昭和53年長浜市名越町で）

種まき機

手動式による種まき風景です。土の入った苗箱をベルトの上に乗せると手前のホッパーから種籾が落下し、後方のホッパーからは小砂のような土が落ちて覆土されていきます。

水苗代が姿を消した今日、農協から苗を購入する小規模農家以外の中堅農家では、こうして苗づくりの準備を行っています。手動式ベルトコンベアー種まき機といえる機械です。

作業は三人で行います。一人はハンドルを回してベルトを動かす人、一人は土の入った苗箱を送り、もう一人は種がまかれ覆土された箱を取り出す人です。

この作業自体は短時間ですみますが、ここまでの準備が大変です。前年の暮れに田んぼから土を取ってきて雨や雪にあたらないようにしながら乾燥させ、ミキサー機で粉砕《ふんさい》し、稲株や小石を取り除きます。籾殻《もみがら》を焼いたくん炭を加えて苗床用の土を作り、覆土はさらに目の細かい金網通しでふるいにかけます。そして、種まきの直前に肥料と農薬を混合して苗床用土とするのです。

念には念を入れて土を作っても、土中の病菌や稗《ひえ》や雑草の種子が混入しているため、苗作りに失敗することも多いのです。そのため、近年は精選された山土を使う農家が多くなっています。

つぎに種籾の準備です。籾の先端には長く突出したヒゲがあります。このヒゲを機械で取り除き、塩水選をします。塩水選は食塩と硫安の水溶液に籾を浸して水に浮く未熟籾を取り除くのです。

食塩選のあとは水洗い、水切りし、今度は害虫防除のための薬液に浸し、さらにバカ苗病の防除薬を混ぜ、一～二日間陰干ししたあと一週間ほど水に浸します。少し芽がふくらんできたころが種まきの適期です。少女の胸が少し隆起したようなハト胸状態で催芽《さいが》籾といわれるころです。

一〇アール当たりの苗箱は二〇～二五箱。籾がまかれ覆土された苗箱はすぐさま電熱育苗器に運ばれていくのです。

▲写真右側からベルトの上に土の入った苗箱を送り、１つ目のホッパーから種籾が落下し、２つ目のホッパーで覆土されていく種まき風景。（平成元年４月、長浜市国友町で）

電熱育苗《いくびょう》

蚕棚《かいこだな》のように苗箱が積まれた電熱育苗器から、農家の人が箱を取り出そうとしています。稚苗《ちびょう》をハウスで育苗するための移動作業です。

種まきを終えた苗箱は、このような形で電熱育苗器に納められるのです。普通の農家で使われている育苗器には、一七〇箱ほど入ります。約八十アール《アール》（八反）分の苗です。

最下部には電熱器があり、その上に水を張った容器が置かれます。育苗器には二重の防寒シートが掛けられて内部の熱が外へ逃げないようにされ、セ氏三〇度の状態を三日間保持して籾を発芽させます。

電熱で蒸気を発生させるため、育苗器内は蒸し風呂《ぶろ》のようです。高温多湿のモヤシ製造工場のようです。土にカビが生えないように土つくりの際にカビ防止薬を混合させることと、ムラのない種まき、電熱器の温度管理が育苗のコツです。

一昼夜で籾《もみ》は土を割るように芽を出し、二〜三日で芽の長さは二チ《センチ》ほどになります。ちょうどこのころハウスへ移すのです。

防寒シートを取り除いた時の芽はモヤシのように黄色いのですが、太陽光線を浴びると、見る見るうちに黄緑色に変わっていきます。太陽の光は偉大なものです。ハウスへ移した翌日の苗は、濃い緑色のしっかりした苗に育っています。

ハウスへ移してしまえばひと安心です。が、ここまでの作業は並大抵ではありません。電熱育苗器の三日間は、温度調節が気がかりで、夜も寝られないという農家の人の話をよく聞きます。

育苗温度が三〇度を超すと苗が焦げたようになってしまいます。水がなくなると土が乾燥して発根や発芽が妨げられてしまいます。育苗器の中のようすがよくわからないためで、ハウスへ移せば苗の状態がよくわかりますから、ほっとされるのも当然です。

四月下旬から五月上旬にかけてが田植えの適期。それまでに苗はハウスで七〜八チ《センチ》に成長しています。

▲電熱育苗器で発芽させた苗箱をハウスへ移す農家の人。（平成元年４月、
長浜市国友町で）

ハウス育苗

大きなビニールハウスの中で箱の苗が七～八センチに伸び、田植えされるのを待っています。電熱育苗器から取り出して半月ほど経過したころのようすです。

三〇度という高温多湿の育苗器の中の三日間で二センチほどに成長した芽が、ハウスの中でここまで大きくなりました。

ハウスへ移した最初の一、二日は、苗の上に蚕座紙《さんざし》や寒冷紗《かんれいしゃ》をかけ、徐々に緑化させていきます。昼間の温度は二五度までにし、夜間は一五～一八度に保ちます。お天気がよいと、昼間は四〇度近くまで水銀柱が上昇することがあります。そんな時は、ビニールのすそをまくり上げて換気しながら温度調整するのです。

苗が太く濃い緑色になった硬化期には、温度は二〇度までに抑えるように換気につとめます。水やりは午前中に一回。夜はハウスを閉じて一二～一五度の状態に保温します。田植えの四、五日前からハウスを開け放して外気に慣らします。

温度調節と水やり（散水）がハウス育苗のすべてです。ハウスの高さは二メートル以上あるため作業に難はありません。水苗代の時代の苗取り作業とくらべると隔世《かくせい》の感があります。

高温多湿のハウスの土の中はミミズ天国です。好物のミミズを狙って、モグラが縦横無尽《じゅうおうむじん》に穴をあけるため、苗箱の下にはシートを敷きます。苗箱の乾燥防止にも役立ちます。

苗箱の中は白い根でぎっしり。田植えの時は苗をロールカステラのように巻いて機械に運びます。

三日待ってもよい天気の日に植えよ、弁当肥で栄養つけよ、細く（一カ所当たりの苗は少なめに）植えて太い茎に育てよ——これが田植えの鉄則です。風の強い日、寒い日に無理して植えても植え痛みして活着《かっちゃく》（根づいて生長すること）が遅れます。田植直前の施肥が弁当肥と言われ、苗を多く使う「太植え」よりも「細植え」の方が収量も多くなると言われます。

五月のゴールデンウィークのころは農家にとっては田植え戦争。ハウスの苗の出番の時です。

▲田植え前の苗箱が並ぶビニールハウスでの育苗風景。（昭和60年４月、長浜市国友町で）

レンゲ草

田んぼ一面に小さな紅紫色の花が咲き乱れ、ピンクの絨毯《じゅうたん》を広げたような風景が広がっています。思わずハッとする光景。そのかわいい花がレンゲ草です。

四月末から五月にかけてが満開の季節。子供のころ、この花園でよく遊びました。ゴロゴロと寝ころがったり、花を摘んだりして時を忘れたものです。

そのころ（昭和二十年代）は化学肥料も乏しい時代でレンゲ草は貴重な緑肥《りょくひ》でした。「ビス」といわれた紡績くずが有機肥料として幅をきかせていた時代です。農家のほとんどが裏作に栽培していましたから、黄色い田とピンクの田のコントラストが見事でした。黄色い田は菜の花（菜種）でした。

野道には白い帯と黄色い帯が見られました。白い帯はクローバー（ツメクサ）の花。黄色い帯はタンポポでした。

レンゲ草は、いまでも子供心を誘います。その中で遊んだ幼児体験を持つ私たちには、とりわけ郷愁を誘う花です。お花屋さんごっこ、お店屋さんごっこ、草いきれの中でお医者さんごっこをしている子らもありました。ミツバチが飛び交い、ヒバリが羽をバタつかせて垂直に青空に舞い上がる花園でした。

れんげ（蓮華）は、ハスの花とレンゲ草の二つの意味を持っています。いずれも、両手を合わせて手のひらをこんもり広げたような形をしています。「清浄無垢《むく》」が花ことばのようです。

蓮華衣、蓮華会《え》、蓮華往生、蓮華蔵世界、蓮華座、蓮華文《もん》、などさまざまな仏教語にも登場してきます。仏像の台座は蓮華座といわれ、死後、極楽浄土の蓮華座上に生まれることを蓮華往生といい、蓮華から出生した浄土を蓮華蔵世界と説かれています。古代から神聖な花とされ、古今東西、老若男女をひきつけて離さない「れんげ」。文句なしにかわいい花です。

この美しい花を農家は田の肥料としてきました。

◀田んぼ一面に紅紫色の小さなかわいい花が咲きほこり、ピンクの絨毯を敷きつめたような光景を呈するレンゲ田。（昭和50年４月、高月町で）

代《しろ》かき

　母ちゃんが耕運機を使って田んぼの砕土《さいど》作業をしています。耕起したあと水を入れ土を砕く「代《しろ》かき」とも呼ばれる作業です。手作業だった昔は鍬《くわ》を使って、荒代《あらしろ》、中代《なかしろ》、植代《うえしろ》の三回行うのが普通でした。

　いまは、兼業農家もほとんどが乗用トラクターになり、こうした光景も「小百姓」「飯米百姓《はんまい》」といわれる小規模耕作農家の一部にしか見られなくなりました。この主婦も、サラリーマンの主人を会社へ送り出したあと、女手で農作業をきり回しておられるのでしょう。

　近ごろの兼業農家は、乗用トラクターなど大型農機の普及で父ちゃんが日曜日にやってくれるようになりましたが、日本が高度経済成長を遂げた昭和四十年代は母ちゃんが農家の主役でした。

　母ちゃん、じいちゃん、ばあちゃんによって農業が支えられていたため「三ちゃん農業」といわれた時代でした。湖北地方だけではありませんでしたが、農家の主婦は大変でした。

　こうした母ちゃんの奮闘のおかげで、湖北の農家の豊かな暮らしが成り立ってきたといえるでしょう。

　代かきは激しい労働でした。湿田だと機械もめりこんでしまいます。膝頭《ひざがしら》が泥の中に沈むこともあります。そんな中で、機械に振り回されるように泥の中を歩き続けます。一日に何キロも何十キロも歩くことになります。夕方になるとお母ちゃんはヘトヘト。それでも夕ご飯の支度をしなければなりません。洗濯も待っています。

　夜、棒のようになった足をお父ちゃんがさすってくれる母ちゃんはまだ幸せ。父ちゃんが夜勤や深夜までの残業だとさみしい一人寝。「おかげで疲れはたまるばかり……」という主婦の不満をあちこちで聞きました。

　モンペは泥まみれ。冷え症にならない方が不思議なくらいです。冷え症のお母ちゃんはなお大変だったでしょう。長靴を履いては仕事にならないのです。

▲耕運機で代掻き作業にあたる農家の主婦。泥の中を１日に何㌔も歩く激しい労働。（昭和52年４月、長浜市神照町で）

出勤前

朝もやの水田でトラクターがエンジン音を響かせています。荒起こしをした田に水を張り、土のかたまりを小さく砕《くだ》いて泥のようにしていく「代《しろ》かき」作業です。

太陽が伊吹山から昇ったばかり。午前六時ごろのスナップです。トラクターを操縦している人は兼業農家の人。サラリーマンです。東の空がほんのり明るくなったころに飛び起きて、トラクターに乗り、出勤前の二時間ほどでひと仕事を終える働き者です。

朝の冷気はとてもさわやかです。「ようおきばりやす」と声をかけると「あいな、健康にええでェ……」と写真の人は笑顔で語っていました。「朝起きは三文の得」と親から教えられて朝のひと仕事が習慣になったのでしょう。

代かきは、農作業の中でもいちばん汚れる仕事です。ロータリー（回転爪《つめ》）が泥水を飛散させるため、運転する人の背中は泥んこです。「機械の調子はどうかいな……」とうしろを振り向くと、顔にも泥が飛んできます。

田面が均一だと作業も調子よくはずみます。が、田面に凹凸や深浅《しんせん》があると、機械が沈んだり、何回も何回も同一場所を機械が往来するため、作業がやりにくくなる上、細粒泥となって稲の生育にも支障をきたすようになってしまいます。

代かきが終わると、ロータリーの後ろに板を取り付けて田面を鏡のようにならす板かけ作業で仕上げを行います。

へこみがあると植える苗が水没して生育が遅れたり、根腐れや葉腐れを起こすため代かきと板かけ作業は入念に行われます。

太陽が高くなるにつれてどこからともなくユリカモメの大群がやってきます。頭部だけが黒くてまっ白な、ハトより羽が広くて長いスマートな鳥です。

「ユリカモメ　そこのけそこのけ　機械が通る」。そう叫びたくなるほど。泥まみれになる代かき作業にもこんな楽しみもあるのです。

▲東の空が明るくなるころからトラクターで代かき作業をする兼業農家の人。ひと仕事を終えると背広に着替えて出勤です。（昭和60年５月、長浜市泉町で）

田《た》下《げ》駄《た》

絣《かすり》のモンペをはいた農家の主婦が泥田の中を足の下に板をつけて移動しています。板は沈み込むため縄を引っぱるようにしています。田下駄です。東南アジアの農村風景を思わせるような光景が、湖北でも昭和四十年代にはまだ見られました。

　湿田や湧水田はいたるところに見られましたが、川が氾濫《はんらん》を繰り返してきた田や谷あいの田、集落排水が流れこんで湧水池のようになる田は、底なし沼のようなところがありました。そんな水田での耕作を容易にするために昔の人が考え出したのが田下駄でした。

　こんな田は腰まで泥の中に没してしまいます。ですから、春の耕作は表土を鍬で起こして田下駄で踏みつけるだけでした。

　作業は大変でしたが、米はたくさん収穫できたのです。夏の旱魃《かんばつ》の心配もなかったからでしょう。

　秋には田舟が登場しました。一メートル四方くらいの箱舟で、稲の穂先が水でぬれたり泥にまみれないように考えられたものです。

　苦痛に見えますが、主婦の表情は意外と明るいものでした。これが「当たり前」と思われていたからです。

　深い麦藁《むぎわら》帽子の下にはまだ若い主婦のはりのある顔がありました。この家の主人も勤めに出ておられるのでしょう。

　写真は余呉町で見かけた光景ですが、高月町西野あたりは、余呉川が氾濫を繰り返し、排水不良のため、底なし沼のような田が多かったようです。西野区には、河原、流れ、蛇田、蛇切谷といった小字名が残っています。水害常習地域で沼のような湿田が蛇やマムシの巣になっていたのです。

　圃場《ほじょう》整備事業で排水路整備が行われて以来、こんな光景は消えていきました。水稲だけしかできなかった田が、いまでは麦などの転作や裏作もできるようになり、水田区画も大きくなりました。

　ピチャピチャと泥をはねる田下駄の音をもう聞くことはできません。

◀足の下に板をつけ、縄でひっぱるようにして田んぼの中を移動する田下駄。
（昭和45年４月、余呉町で）

しりふみ

田はねを終え、田に水を張って「くれわり」といわれる砕土をしたあと、板で泥を平らに均《なら》す作業を「しりふみ」と言いました。

写真の人は、梯子《はしご》にロープをつけて、田を縦横に引きずっています。膝まで泥につかっての激しく厳しい労働です。

一般的に使われていたしりふみの道具を「マグワ」といいました。長い竹の先の横木に歯が抜けた櫛《くし》のように角釘《くぎ》を打ちつけたものでした。

稲株などが突出していると、マグワの横木でコツンとたたくと泥の中に沈みます。こうして、田んぼ一面をなめるように平らに均しました。

マグワを突いたり引いたりすると泥が飛び散ります。下半身は泥だらけです。そのため、ゴムの前掛けなどをつけました。それでも顔まで泥が飛びました。

朝から夕方まで、一日中水の中での労働です。体は冷えます。とくに女性にはきつい仕事でした。さわやかな五月の風も、しりふみの時期には震えるような冷たさを感じました。

女性にとっては、家事や炊事の時間もとれないネコの手も借りたいような一時期。そんなとき、嫁の里からは「五月見舞い」として焼きサバが届けられるのが湖北の農繁期の習慣でした。

「いまごろ嫁は忙しかろう。おかずごしらえも大変だろう。食事の支度の時間もないと家で肩身がせまかろう」。五月見舞いは、里の親のそんな気遣《づか》いのこころでもありました。

最近は機械化が進み、耕起、砕土、しりふみ……すべての作業をトラクターでできるようになりました。かつて、一日がかりだった作業も、三十分程度でできるようになり、ずい分楽になりました。労働生産性はグーンとアップしました。

が、いまも写真のような光景を見かけることがあります。トラクターは短時間で仕事ができますが、田の四隅などの処理がうまくいかないことが多いからです。作業の確実性の上からは、人力に勝るものはないようです。

▲梯子にロープをつけて砕土した田の地ならしをする「しりふみ」。ふつうはマグワと言われた道具で田面をなめるように均しました。（昭和53年5月、浅井町岡谷で）

田植え前

伊吹の峰から朝日が昇りはじめました。湖北平野のすがすがしい五月の朝です。手前の水面はびわ湖ではありません。代《しろ》かきを終えて田植えを待つ水田です。

田に水が張られて鏡のように伊吹の山並みを映しています。快晴無風のひんやりとした冷気が心地よい朝です。霞《かすみ》がたなびいています。ねぐらから飛び出したカラスが、しじまの中を羽音を残して左右へ散っていきます。ピーピーピーピーピー…麦畑からヒバリが一直線に舞い上がります。グエッ、グエッ、グゥォー、グァー…食用ガエルも合唱をはじめます。

野道ではレンゲ草のかれんな花に朝露が光っています。タンポポのまあるい綿毛は逆光にきらめいています。

代かきを終えた田は、すぐには田植えができません。泥の微粒子が水の中で沈澱するのに、二、三日かかります。この間、泥水が排水路へ流れ出ないように、尻溝（尻水戸）といわれる排水口を閉じて田に水が張られます。それでも濁った水は流出します。「泥水流すな土やせる」。県や市町村、農業改良普及所や農協は躍起になって呼びかけていますが、なかなか効果が上がりません。

肥料分をたっぷり含んだ肥沃な泥の流出は、土がやせるかも知れませんが、それよりも、琵琶《びわ》湖の富栄養化の元凶になっています。圃場《ほじょう》整備事業の完成によって、排水路へ流下した泥水は、そのままストレートに琵琶湖へ注ぎます。

以前は、排水は次の田の用水となり、下の田はその落ち水を受けて養われ、小川には汚れた水を浄化させる自浄作用がありました。

農業基盤を整備する用排（用水と排水）分離の灌漑《かんがい》排水事業は、農業の機械化に対応できるように農家に便利さをもたらしましたが、琵琶湖をピンチに追いこむ結果を招いています。

合成洗剤など家庭排水による湖の汚染以上に、農業排水による湖水汚染が、やがて大きな問題になってくるでしょう。

▲代かきが終わって田植えを待つ鏡湖のような水田。(昭和60年５月、長浜市泉町で)

谷田《たにだ》

谷あいのネコの額《ひたい》のような田に人影が動いています。伊香郡余呉町田戸《たど》の離村前の谷田です。

耕地面積が少ないため、わずかな農地に人々は、しがみついて生きてきました。谷深いところにも小さな田が開かれてきました。水は冷たく日照時間は少ないため、収量も一〇《アール》（反当たり）三〜四俵。自給米は三分の一ほどで、半分以上は米を買わなければなりません。そのため、焼き畑で蕎《そ》麦《ば》や粟《あわ》の栽培にも精を出しました。

谷田は洪水で流出したり、雪崩での落石に埋まることもたびたびでした。毎年、雪が消えると、大きな石や木の枝、根の除去がひと苦労だったようです。年によっては、新田を開墾するほどの労力を要することもあったそうです。

農作業は平野部とは一カ月遅れ。耕起は三ツ《み》鍬《ぐわ》で荒おこしをするだけ。そのあと水を張り、砕き田（砕土）のかわりに「鋤《すき》どり」をしました。鋤どりは四人がかり。一人が鋤を押えて三人が引いての整地。まさに、人間牛車のような作業でした。

鋤どりの次は「草入れ」です。「踏み込み」ともいいました。前の年の秋に刈り取った干し草と青草を交互に泥の中に埋め込む作業です。昭和のはじめまではニシンのしめ粕を埋め込んだそうです。まさに、典型的な有機農業です。

昭和四十年ごろから化学肥料が使われはじめました。青草を踏み込んで十日ほどたつと草が腐るため二番すきが行われます。畦《あぜ》ぬりし「均《なら》し」といわれる「代かき」が終わると田植えです。「夏至《げし》までには田を植えよ」。これが山間農業の鉄則でした。

手伝い合いの「結《ゆい》」で行われてきた「鋤どり」も今日では人手がなくてできません。

手をきるように冷たい谷水を引いての厳しい農作業。田植えがすむと、草取りの連続。虫、鳥、猿、イノシシとの闘いが待っています。冷害、旱《かん》魃《ばつ》、洪水などで苦労が水泡に帰すことも多かった山あいの谷田における米作りです。

◀雑草地を開墾した谷あいの田での田植え前の農作業。（昭和50年ごろ、余呉町田戸で）

サビラキ

サビラキは田植え初めの祭事として古来から行われてきました。「サ」は早《さ》苗《なえ》のサ、「ビラキ」は初めて行う意と解されています。一年の農耕儀礼の中でも、田打正月、田の神迎え、タネまきについで大事な行事でした。

この祭事の分布は全国的に見られ、鹿児島県では田の神をサツドンと呼んでいます。中国地方では田植え初めにサンバイオロシ、サンバイマツリを行っているところがあります。伊勢神宮の別宮の大御田祭には「サイトリササシ」のしぐさがあり、苗取挿《さ》しと説明されています。つまり、田の神である「サ」を迎え祭ってきたのです。

ほとんどが個々の農家で行われてきましたが、サンバイマチなど一定の田を斎場とし、村をあげて執行されてきたところもありました。東浅井郡湖北町今《いま》地先には「サビラキ」の地名（小字名）が残っています。前述の村の斎場田があったところのようです。

また、サビラキはイナズル姫を祭る日とも言われ、稲鶴姫は稲姫、つまり稲霊でした。

県下でもこの習慣は広く行われてきました。その呼称もサビラキ、サブラケ、サイタテ、サエタテ、サヤタテ、タイタテ、キタテ、ワサウエ、クリの木タテ、八ツ田植え、八ツ田入り、タツ神さんなどさまざまに呼ばれています。が、「サビラキ」が一般的となっています。

サビラキには、三把《ば》の苗が供えられ、水口には土を盛り、伊勢神宮や氏神の御札、クリの枝や季節花が立てられ、供えものがされました。

水口に挿される植物は、クリの枝、ミョウガ、フキ、カヤなどが用いられ、時花として、ツバキ、バラ、ツツジ、シャクヤクなどが添えられて、生米、洗米、焼米、蒸し米、小豆飯、おこわ、炒《い》り豆、大豆、黒豆などが供えられたのです。

サビラキは「さあ、準備が整いました。これから田植えの作業に入ります。無事に穫れ秋を迎えさせてくださいませ」という田の神への祈りの行事でもありました。

◀田植えはじめの日の水口での祭事。12株の苗が植えられた水の入り口にはクリの枝と御神酒、洗米が供えられています。（昭和49年、余呉町で）

田植え

　木枠を転がして碁《ご》盤の目状に跡をつけ、その筋にそって早苗が植えられていきます。慣れた人は六尺（一・八メートル）間隔に細い縄を張り、そのロープだけを目安に植え付けする人もありました。が、それができる人はよほどのベテラン。型押しの時間が節約できて能率が上がるのですが、慣れない人が植えるとヘビがカエルをのみこんだように緑の筋が波打ちます。

　多少曲がりくねって植えられていても米の収穫には変わりはないのですが、そこはきちょうめんな湖北人です。一直線にスカッと植えたい、へたな植え方だと笑われたくない、そんな思いが型押し田植えを普及させてきました。

　田植えどきはネコの手も借りたい一時期です。子供の手を借りたい、近所の主婦と手間の融通をし合う「ゆい」を行うことも多かったため「型押し田植え」が多かったのです。

　田植えは裸足《はだし》の作業です。苗が伸びすぎるため、一〇日間ほどの間に植え終えねばなりません。そのため朝から晩まで泥の中。昼の食事も、畦《あぜ》に腰をかけ、足は水の中につけたまま。腰の痛い作業でした。

　苗取りをし、型押しをしていると、二人で一日一反（一〇アール）植えるのがやっとでした。化学肥料がまだ普及していない昭和三十年代半ばまで、吸血虫のヒルの巣になっていた田もありました。タニシもたくさんいました。昭和三十年代は、タニシ一升と米一升の物々交換が行われた時代でした。

　これだけは機械化できないだろうと思っていた田植えの作業も、四十年代に入って田植え機が登場、四十五年ごろから平均的農家にも導入されはじめ農作業の形態は一変しました。

　写真のように、夫婦で田植えをしているとまだ精もでますが、一人だと、一〇アール一〇〇メートルの長さは気の遠くなるような距離を感じたものです。

　雨の日は大変でした。田植えだけは雨の日も休むことができません。雨合羽《あまがっぱ》をつけての作業です。冷え症の人には過酷この上もない作業でした。

◀木枠を転がして筋目をつけての田植え。（昭和52年５月、虎姫町中野で）

シュロ縄

一本のシュロ縄（細引きロープ）を頼りに田植えが行われています。晴れた凪のないお天気のもと、鏡のような田面に手ぎわよく早苗が植えられていきます。

前頁の型植えとはちがって、型の跡は何もありません。一間（一・八メートル）幅に張られた細縄だけが唯一の頼りです。泥水の中のどの点に苗を植えるかは、カンと年季がいりました。慣れないと植えた幅は広くなったり狭くなったりしてしまいます。

一本植え、二本植え、三本植えと、苗の量などによって植える本数が変わります。早い人は一人で一日に一〇アールほど植える人もありました。その速さは、ピストルで苗を田んぼに打ちこむような感じで、上半身でリズムをとり、左手で苗を選び出して右手で植えていく手さばきは、じつに見事なものでした。それでも、一本一本ていねいに腰折れ苗ができないよう細心の注意が払われていました。

田植えは苗が伸びすぎないうちに植え付けを終えねばなりませんから、朝の早い仕事でした。

腰をくの字に折り曲げての作業です。農家に多い腰のまがったお年寄りは、こうした無理が重なったせいでもあるのでしょう。苗取りも腰の痛い仕事でした。寒い日や雨の日は、いっそうつらいものでした。

一分でも早く終わって、水の中から上がりたい……写真の人もそんな思いで土とにらめっこしていたことでしょう。

田植え機が普及したのは昭和四十年代に入ってからですから、それ以前は、ほとんどの農家でこんな田植えをしていました。

農家の主婦も朝から晩まで泥水の中。炊事、洗濯をする時間もありません。大百姓といわれた耕作面積の大きい家は、雇人《やといど》をされることも多くありました。子供も貴重な労働力でした。「ネコの手も借りたい」とはこの時期の農家の心情をうまく表現した言葉です。

▲右端の１本の細い縄だけを頼りにタテとヨコを見渡しながら手ぎわよく田植えをする農家の主婦。（昭和50年５月、長浜市泉町で）

苗取り

おばあさんが水苗代で苗取りをしています。腰の痛い仕事でした。うっかりするとお尻が水の中につかってしまいます。この人は肥料袋に籾殻《もみがら》を詰めた即席の腰掛けを使っています。昭和四十年代半ばまではこんな風景ばかりでした。

上手な人は両手で苗を取りました。ジャバ、ジャバ、ジャバ、パシャ、パシャ、パシャ…根についた土を水の中で落とす音です。すっかり土が落ちて白い根だけになると、苗の上に置いてある、藁《わら》を少したたいて柔らかくした「のでわら」でクルクルと巻けば一把《いっぱ》の出来上がりです。

水苗代は「耳苗」を少し残しました。列の両端の部分の苗を耳苗と言いました。油紙やビニールで抑えられたため生長が遅れ苗がふぞろいになったからです。耳苗は短くても分けつした太い苗でしたが、隣の列の品種の異なる籾が浮いて芽を出すこともあったため、苗不足などよほどのことがない限り残したものです。

水苗代の苗は太く、一本の苗がいまの電熱育苗の三本分ほどもありました。

苗取りは早朝と夕方の仕事。勤め人は出勤前に、子供たちは登校前にも手伝いました。夕方取った朝植え用の苗は、芽の荒い苗持ちカゴに入れ、てんびん棒でかついで田んぼまで運び、濡れ筵《むしろ》をかけて乾燥を防ぎました。

苗代が一列一列少なくなっていくのは楽しみでしたが、苗取りに時間をかけていると、植えている方から「まだか」の声がかからないかとヒヤヒヤしたものです。

苗取りは子供も貴重な手間でした。昭和三十年代の初めまで、小学校では春と秋に農繁休暇があったほどです。農業の手伝いで学校を休んでも「出席扱い」される休暇が認められていました。

苗取りにもコツがありました。草やヒエやバカ苗といわれた病気苗がないかを見きわめながら取りました。苗が途中で折れる「腰折れ苗」があると父親に怒鳴られたものです。

苗取りに「結《ゆい》」もよく行われました。

◀水苗代で苗取りをする農家の主婦。両手で苗を引いてバシャ、バシャと水の中で根の泥を洗い落として一把の苗束をつくっていきました。（昭和52年、長浜市列見町で）

結《ゆい》

六人の人が田植えを行っています。大きな農家かなと思うとそうではありません。農家同士が、農繁期に手伝い合いをしているのです。手間を貸し借りする「結《ゆい》」で過激な労働を乗りきっている姿です。農業の機械化で、こうしたうるわしい相互扶助の習慣はもうほとんどなくなってしまいました。今日では、「手間賃」として金銭決済されていますが、ひと昔前までは「手伝ってもらったら手伝って返す」慣習によって農家経済が支えられてきました。

米づくりでは、春の田植えと秋の刈り取りのときにゆいをし合う姿が多く見られました。短期間で仕事を終えねばならないため、能率を上げるために父祖が考えた生活の知恵でした。

秋。収穫後、籾干しを終えたあとの「籾すり」などにもゆいが行われました。それは、大型機械の共同購入などで、大勢の人手がいる必然性もありました。

養蚕の際にも行われました。桑《くわ》の葉つみや上簇《じょうぞく》と言われた作業は時間との競争だったためです。桑の葉を食べて大きくなった蚕は、糸を吐く直前すき透るようになります。そのとき、一匹一匹拾い上げて繭《まゆ》がしやすいように藁などの床へ移し替える作業は、短時間で終えないと桑の中で繭をさせてしまったからでした。

このほか、茶つみや普請《ふしん》（家の新改築や屋根のふき替えなど）にもゆいが行われました。

ゆいをし合う相手は、親類のほか気ごころの合う農家の間で行われてきました。無理の頼み合いでもあったため、義理も生まれ、家族どうしの付き合いも生まれました。大勢で仕事をすることは楽しいものです。激しい労働も苦ではありませんでした。昼、あぜ道でみんなで食べるお弁当は、花見か遠足気分を味わわせてくれたものです。

平生強情《へいぜいごうじょう》をしていると、ゆいを申し入れても応じてもらえません。「助けられたら助けて返す」。ゆいは人間社会の最も麗しい姿です。その心が村落共同体を支えてきました。

◀結《ゆい》で田植えにあたる農家の人たち。圃場整備後の大きな田の第１年目は機械が泥の中にめりこむため、近年でもときどき結の姿を見かけます。（昭和53年５月、高月町東阿閉で）

田植え機

田植え機が軽快なエンジン音を響かせて土の上に真っすぐに二本の緑の線を引いています。腰の痛い仕事だった田植えも昭和四十年代に入ると、こうした機械が登場しました。

田植え機は二条植え。二本の火箸《ばし》のような爪《つめ》で苗を挟んで土の中へ植え込みます。

手植えの時代は、上手な人で一人一日一反《たん》植えるのがやっとでしたが、二条植え田植え機だと一反二時間余り、いまでは乗用の八条植えも登場しています。田植えだけは機械化は無理だろうと思われていたのに、苗床の改良で機械化が進みました。

田植え機用の苗は電熱育苗器で作ります。箱の中に土を入れ種をまいて育苗器に入れると三～四日で発芽します。芽が二センチほどになったとき、ビニールハウスに移し、そこで七～八センチに伸びるまで育てます。

箱の中には根がぎっしり張りつめているため土がこぼれることはありません。それをツメが一センチ角くらいずつ切るように植えていくのです。

時折、欠株も出ますが、種まきさえまんべんにしておけば植え残しはありません。

田植えは短期決戦の野良仕事です。すぐに苗が伸びてしまうからです。徒長《とちょう》する（無駄に伸びる）と植え傷《いた》みがするため、大規模経営農家でも十日間くらいで田植えじまいをします。

田植え時期には真夏のような陽気の日もあれば、震えるような寒い日もあります。天候の不順な季節です。手植えのころは蓑《みの》や笠《かさ》をつけて雨の日も作業を行いましたが、機械化されてからは雨天休日。雨の日は苗がグサグサに砕けてしまうのです。

機械化されたとはいえ、田の中を歩く距離は大変なもので一日一〇キロメートルを超えます。夕方近くになると足が泥の中から上がらないくらいです。

一直線に真っすぐに植えられると気分さわやかですが、クネクネと不ぞろいな植え方になると、どっと疲れが出てくるものです。圃場《ほじょう》の条件の善し悪しが疲れと比例するのです。

◀まだ畔の木が残る中で、２条植え田植え機で田植えをする農家。（昭和52年５月、長浜市神照町で）

二毛作《にもうさく》

なつかしい牛耕の風景です。牛は、麦などを収穫したあとに米を作付ける二毛作地帯で戦後もかなり使われていました。耕土の深い湿田地帯より乾田の多い地域によく見られました。

二毛作は、昭和四十五年にはじまった政府の減《げん》反《たん》政策により姿を消しました。それ以前は、秋に稲の収穫を終えるとすぐに田を掘り起こし、麦（大麦、小麦、ビール麦）や菜種、レンゲなどを植えました。菜種はナタネ油となり、レンゲは緑肥として再び土に還元されました。化学肥料があまり使われない時代のことです。

麦は、十一月の終わりにタネをまき、歳末の寒いころ「麦踏み」をして分株をうながし六月ごろ収穫しました。

菜種も同じころ、田に畝《うね》を作って植え付けられました。四月ごろには黄色い花の絨毯《じゅうたん》がいたるところで見られました。レンゲ草が咲き乱れ、ミツバチが飛び交う中で、ころがったり、かけっこをしたなつかしい思い出があります。

二毛作は、水田を遊ばせる期間を置かず、フルに使ってきた日本人の勤勉性が生み出した集約農業の典型でした。大陸の粗放農業に対する日本の集約農業が、今日の日本の繁栄をもたらしたともいえるでしょう。

二毛作は、朝には霜を踏み、夕べには星を仰いで、ひたすら働きつづけた日本人の勤勉の象徴のようでした。手間をかけることを惜しまず、限られた面積の土地から最大限の収入をあげようとした日本農業の姿でした。

日本民族は、なまける農民を「おはら庄助さん」の説話で排除し、「わらしべ長者」や「二宮尊徳」の話で倹約、勤勉を奨励してきました。こうした生きざまを、幼いころからすべての日本人はからだで覚えさせられてきたのです。

二毛作は、東北地方のような水稲単作地帯に見られた出稼ぎを必要としない、豊かな湖国農業のすがたでもありました。

◀湖北で最後の牛による農耕風景。牛を使う人との呼吸が合わないと作業はうまくいきません。（昭和54年、長浜市東上坂町で）

サナブリ

「ああ、ことしも無事に植え付けがすんだ……」と田植えじまいを喜び合う習慣がサナブリです。それは、身内で、内輪でこっそりと行われることがほとんどでした。

ネコの手も借りたいほど忙しい田植えどき。夜明け前から日没まで、苗取り、苗運び、型押し、田植えと、一日中水の中で腰をかがめる激しい作業を終えた農家の喜びは、格別のものがありました。

サナブリは、地方によっては、シロミテ、ドロオトシ、ノアガリ、サツキ休みなどとも言われている休息の日、野休みの日です。

この日は、ツツミ団子やボタ餅をつくり、親戚や田植えを手伝ってもらった人に配られます。

一番に届けられるのは嫁の里。それは、「忙しかろう、つらかろう、ご飯支度《じたく》も大変だろう」との心づかいから、田植え見舞いに焼きサバなどをもらった嫁の里への返礼でもありました。が、「お父さん、お母さん、うちもやっと田植えがすみました」という娘の親へのあいさつのかたちでもありました。

また、田植えは、ゆいが結ばれることがよくありました。ゆいは労働の提供、手伝い合いです。そのお返しとして、それぞれで招き合い、ボタ餅などでもてなしたのもサナブリの習慣でした。

田植え仕事は、女性にとっては一年中で最もきつい労働だったので、嫁は「くたぶれ休みの親元帰り」が公然と許してもらえる日でもありました。

鋤《すき》や鍬《くわ》に苗をそえ、灯明をともし、酒、サカナ、ボタ餅を供えたり、赤飯と御神酒《おみき》を供える慣習もあります。その苗は、お盆まで大切に保存し、精霊を迎える仏壇の真鍮《しんちゅう》の仏具磨きに使われました。

木之本町千田区のように早苗祭が行われたり、植え付け終わりの報告祭が行われる村もありました。サナブリが五月末か六月初めになるときは、新茶を嫁の里へ届ける「茶葉壺《ちゃばつぼ》」が行われることもありました。

▲サナブリに農家でつくられるツツミ団子。できあがると真っ先に神棚に供えたあと、姑は嫁に親元へいちばんに届けさせました。（昭和52年5月、長浜国友町で）

水口祭《みなくち》

今年の植え付けも無事すんだ、苗も生えついた、水や虫や稲の病《やまい》の心配もなく、収穫の秋まで無事であらせたい。どうか、ウドの木のように大きくしっかり育っておくれ……。

田植えという大仕事を終え、サナブリを越した節目のお祝い日が水口《みなくち》祭です。それは、田植えにまつわる一連の行事の終了を意味していました。

苗代《なわしろ》に種籾《たねもみ》をまきおとした時の祭事を水口祭とするところが県外にはありますが、滋賀県下ではサナブリから十二日目のころに村中が野良仕事を休んでこの祭事を行うところが多いようです。野休み、野止め、泥落し、ソブ落し、などさまざまな呼称があります。

この日、湖北では多くの農家が、田の水口にウドの葉や季節花を挿し、御神酒をそそいでまわります。高月町井口《いのくち》、洞戸《ほらど》、湖北町延勝時《えんしょうじ》、五ノ坪、馬渡《もうたり》、びわ町難波《なんば》などでは水口にウドの葉が挿されることが多かったそうです。

自作田の水の取り入れ口に御神酒をそそいでまわるところは、湖北全域にわたっています。村中が氏神に参拝して祭典を行い、巫女《みこ》による湯の花（湯立て、お湯上げとも言われる）が行われる村もあります。

長浜市国友町では、この日を「百太郎」と呼んでいます。八十八夜から十二日目、立春からちょうど百日目にあたるこの日、姉川からの用水路である百太郎川を村中総出で川さらえが行われてきました。が、近年作業は行われず、町民は鍬《くわ》やスコップを持参して現地へ集合し自治会長の出欠点検を受けるだけの慣習となっていました。このうるわしい習慣も、昭和五十九年から途絶えてしまいました。村の生命線とも言える百太郎川は、国友村の水口だったのです。

「八十八夜の別れ霜」といわれるほど水口祭のころは野菜類の作付けどき。養蚕の掃《は》き立て（孵化《ふ》）もこのころで、農家には田植えの次に、また別の忙しさが訪れるころでもありました。

◀田への水の入口にウドの葉をさし御神酒を供えてまつる水口祭。旱魃と病害虫への心配のないように、との祈りでした。(昭和50年5月、高月町で)

神饌田《しんせんでん》

豊作を願い豊年を喜ぶ農民の神への祈りは、農耕儀礼として季節の節目ごとに古くからくりかえされてきました。氏神でのその祭祀《さいし》に供える稲穂を採取する田が神饌田です。とくに、新嘗祭《にいなめさい》で神に供える米を栽培する斎田《さいでん》とされ、御供田《ごくうでん》、イッキ田《た》とも呼ばれました。

春。四月の春祭（先祭り）を終えてから五月の後祭り（野休み祭りともいわれる）にかけて神饌田は開かれます。注連縄《しめなわ》を張り、「神饌田」の木札と御幣が掲げられます。

伊香郡高月町周辺に多く見られ、とくに、高月町唐川《からかわ》、東高田、布施《ふせ》、磯部など七郷《ななさと》学区で今も継承されています。

秋。この田で刈り取った稲穂の中から実りのよい穂を選んで三把の束がつくられます。それを三《さん》宝《ぼう》に乗せ、氏神の大祭の日に神前に供えるのです。

氏神の祭礼は多くの村では、年九回行われますが、うち三回が大祭。二月の祈年祭、四月の春祭、十一月の新嘗祭です。

高月町唐川区では、オコナイの五人組の頭家《とうや》の中から選ばれた人の耕作田の中で、集落に近い良田が神饌田とされ、四月二十九日に臨時の祭壇が設けられ、祭祀のあと田植えに入ります。

同町布施区では、氏子総代の田が神饌田となります。田植え後の五月二十四日、この田から一株の苗が引き抜かれ、氏神に供え、お祓《はら》いのあともとの場所へ植えられます。

村によって祭祀の形態はさまざまですが、神饌田は、もとは「宮田」と言われる神社に属する田でした。地方によっては、祭り田、産土田《うぶすな》、頭田《とうだ》、座田《ざでん》などと呼ばれる神田で無年貢地でした。宮田がなくなってから、個人の田を宮田がわりに使うようになったのです。

そこは、神の神聖、清浄な区域であったため、かつては、肥料に下肥は使わず、山の落葉やアオキの葉を使い、刈り取りもお祓《はら》いをしてから行われたものでした。

◀氏神にささげる稲穂を採取するための神饌田。浄と不浄区分する注連縄が張られた神聖、清浄な神田でした。（昭和54年５月、高月町東高田付近で）

水回り

田んぼの畔道を農婦が足早に歩いています。早苗の葉先が初夏の陽光を受けて黄緑色に光っています。「風薫《かお》る」という言葉がぴったり。水に恵まれた豊かな「瑞穂《みずほ》の国」の光景です。

この人は、田んぼへの水の入り具合を見に回っています。「水見」「水回り」といわれる用水管理の確認作業。田植えが終わってから七月上旬までは、一日も水を欠かすことはできません。朝夕二回はこうして自分の耕作田を見て回ります。

昭和四十年代までは、稲が三十センチくらいになる七月までに二回も三回も四つんばいになって草取りしたものですが、近ごろは除草剤任せ。除草剤は水がないと効き目がないため、以前にもまして水回りは大切な仕事になっています。

写真のように水に恵まれていると問題はありませんが、この時期、昔から水争いが絶えませんでした。隣の田は水が潤沢《じゅんたく》で自分の田が乾いていると、夜中にこっそり隣の用水口を止めて自分の田に水を入れる人もありました。「我田引水」という言葉はここからきていますが、水がないと稲は枯死するため、農家の人は水管理に目を血走らせてきたのです。

水が豊富なときは水回りも楽しいものです。鼻歌のひとつも飛び出します。野道のそばや小川には菖蒲《しょうぶ》が黄色い帯をつくります。ちょっと手を伸ばして家の玄関の花器に生けたくもなります。

写真のような畔《はん》の木のある風景は、夏は木陰をつくって格好の「いっぷく場」となりましたが、圃場《ほじょう》整備事業によって姿を消しました。

農業用水の確保のために父祖が血を流した歴史は枚挙にいとまがありません。が、琵琶湖からの逆水工事が進み、水との闘いの苦労はなくなりました。パイプラインの敷設で、圃場《ほじょう》ごとに蛇口をひねれば水が出るようになったのです。家庭の台所同様に、農業基盤の整備近代化は着々と進んでいます。田んぼに乗用車が横づけでき、出勤途中にバルブを点検するだけで、よくなったのです。

▲田んぼへの水の入り具合を確認するため畦道を足早にゆく農婦。(昭和53年5月、木之本町千田地先で)

御田植祭《おたうえ》

御田植祭は、オンダ、オミタなどとも呼ばれますが、県下ではオンダと呼ばれることが多いようです。それは、正月に行うところと、田植時に行うところとがありました。

さらに田植時でも、初めと終わりの二種類があります。田植初めのサビラキは個人の儀礼が多いのですが、終わりのサナブリは神社へお参りし巫《み》女《こ》を頼んでお湯（湯の花）を上げる習慣が一般的です。御田の祭りも、農家の内で行う個人の祭りが発展し、公共性を帯びて神社で行われることになった、と言われています。

犬上《いぬかみ》郡多賀《たが》町の多賀大社に伝わる御田植祭も、農耕儀礼が昇華した姿でしょう。江戸時代は七月（旧暦）午《うま》の日に行われてきました。が、だんだん田植の時期が早くなったことにともなって、現在の六月第一日曜日に定着したようです。

伊香郡西浅井町塩津中《しおつなか》の香取神社「神社誌調書」や木之本町飯浦《はんのうら》、八幡神社の「御田打祭」記録からもそのことがうかがえます。愛媛県北宇和郡では、神饌田が当たった農家は、その所有田の中で最もよい田で村の乙女総動員でのオンダ（お田植え）を行う地方があります。高月町周辺に多い「神饌田」も昔はそうだったのでしょう。

また、御田植祭は、田楽舞楽など庶民芸能を生み出すもとともなりました。多賀大社のお田植祭に見られる田の舞、尾張萬歳、太鼓踊りなどのように田の畦《あぜ》でさまざまな余興が行われました。長浜市七条町にある足柄神社の春祭りは、中世のこうした田遊びの慣習を残す貴重な民俗行事であると言われています。

湖東の八日市《ようかいち》地方では次のような田舞の歌が伝わっています。

それ日の本のためしとて、玉苗植うる早乙女が、結ぶたすきの赤神の、山影うつる御神田《みとしろ》や、注連引きはえて御田祭る、今日の佳き日の田植歌……（以下略）。

みずほの国の田植歌は、まさに豊作への祈りのうたでした。

▲多賀大社では毎年6月第1日曜日に行われる御田植祭。あかねだすきとすげ笠《かさ》の早乙女が太鼓のはやしに乗って早苗を植えます。（昭和58年6月、多賀町で）

草取り

田んぼで四つんばいになり、土を撫《な》でる草取りは、農作業の中でもきびしくつらい仕事でした。

昭和四十年代に入って除草剤が普及したため随分楽になりましたが、いまでもこうした草取りの光景を見ることができます。水管理が十分でないとき、水がついていない部分は除草剤の効き目が薄く草がよく伸びるのです。

三十年代までは、一番草、二番草、三番草と、夏に水を落として干し上げる「ぬりつけ」までに三回も草取りが行われました。

五月上旬に田植えをしたあと、二週間くらい経過したころが一番草です。除草剤がないころは、ヒエ、ナギ、イ草、ヒヨヒヨなどがびっしり生えたものです。芝生《しばふ》のようにぎっしり根を張るコウゲが発生すると、爪先が割れるほど指先に力が加わり、泣かされたものです。風車のような回転羽根が何枚もついた手押しの除草機で、株と株の間を縦横にかきまぜて草を土の中へ押し込み、そのあとを手で撫でたものです。

そして、さらに一、二週間すると二番草。一番草をひと通り終えたと思ったらもう三番草です。一休むヒマもありません。このころが草の繁殖力がいちばん旺盛《おうせい》な時期。一日でぐんぐん伸びます。まさに、草との追いかけっこの一時期です。

このときに手を抜くと、ヒエやイ草で手に負えなくなります。稲の丈も短いため、太陽光線をいっぱい浴びた草は稲以上の生育をするからです。

「土はかきまぜた方が米がよく穫れる」篤農家《とくのうか》といわれた人は、そう言いながら三番草まで取っていました。一般農家は、二番草のあと「ぬりつけ」でした。

ぬりつけは七月上旬で、田の水を落として水田を干し上げる作業です。このとき、再度草を取りながら壁を塗るように両手で田面の泥をなでました。このころ稲は三〇㌢《センチ》くらいに生長しています。稲の葉が顔に触れ、ときには葉先で目を突くこともありました。うだるような暑さ、したたり落ちる汗は目にしみました。

▲田んぼに四つんばいになって草取りに精を出す農家。二番草か三番草のころ。（昭和50年６月、長浜市国友町で）

草取り機

　田植えが終わると、早苗は日ごとに緑を濃くし、たくましく伸びていきます。五月も下旬になると田面は一面美しい緑の絨毯《じゅうたん》を敷きつめたようになります。が、農家にとっては息つく暇もありません。草取りが待っています。

　昔は、五月下旬から七月上旬にかけて、一番草、二番草、三番草と三回も草取りをしたものです。四つんばいになって、両手で草をむしり取って泥の中へ埋め込んでいきました。

　稲は暑い日が続いた方が出来が良い、といわれます。一日の最高気温が二五度をこえる日を「夏日」といいますが、五月中旬を過ぎると、この夏日が多くなります。稲の生育も早くなりますが、同時に、雑草も猛烈に繁茂します。

　人々は労力軽減のためにいろいろ知恵を絞ってきました。草取り機（除草機）もそのひとつです。

　写真のように水車のような羽根が回転し、草を土の中へ押しつける機械です。そのあと、また四つんばいになって草を取るのです。

　ホタルイやクログアイなどは取りやすい草でしたが、セリには泣かされました。ぎっしり根を張っていると取り除くのが大変です。芽が少しでも残っていると、そこからすぐに増殖するのです。

　コウゲといわれる水の中の芝生《しばふ》のような草も容易に根絶できません。爪が割れることもあったくらいです。ヒルムシロ、ヘラオ、モダカ、ウリカワ、マツバイなどにも農家の人たちは苦闘してきました。

　昭和三十年代に入って普及した草取り機は、やがて二条機も登場しました。それは押すだけでも大変な労力を消耗しました。

　もう除草機の姿は見ることもできません。この草取り機でも、農家に機械化の喜びをもたらした一時期があったのです。

　今日では、動力噴霧機に長いホースをつけ、畦を二人が移動するだけであっという間に除草剤散布はできてしまいます。

◀小さな水車の回転羽根のような部分で水田の草をかきむしり、泥の中へ埋めていく草取り機。（昭和52年、長浜市国友町で）

MILD

養蚕《ようさん》

ボール紙でつくられた枠の中に白く見えるのは、卵ではありません。蚕《かいこ》が糸を吐いてつくった繭《まゆ》です。こうして出来上がりを見るときれいですが、蚕が繭をつくるまでの世話（養蚕）は、並大抵ではありませんでした。が、湖北の人は蚕を「カイコさん」と敬称をつけるほど神聖視し、養蚕に精を出してきました。天の虫と書いたからでしょうか。

戦前までは、湖北の農家の八〇％《パーセント》近くが養蚕を副業にしていました。いま、湖北の養蚕農家は数えるほど。昭和三十年代から四十年代にかけては、年に四回もカイコさんを飼う農家がありました。春蚕《はるこ》、夏蚕《なつこ》、秋蚕《あきこ》と晩秋蚕《ばんしゅうさん》です。

春蚕は、田植えがすむと準備にかかりました。カイコさんは卵から孵化《ふか》してから繭をつくり始める上簇《じょうぞく》まで約一カ月。この間、家は蚕室に様変わりします。座敷も寝間も、畳を上げて棚がつくられ、家の者は棚の間で寝るありさまでした。

春蚕の時期は気温が低いため練炭火鉢で室温を上げました。そのため、戸や障子の隙間には紙で目張りをしたほどです。

カイコさんが食べ残した桑の葉茎や糞を始末する「しり替え」は面倒な仕事でした。夜遅くまでの作業でした。それより大変だったのは、雨の日の桑もり（桑つみ）です。カイコさんが小さいうちは、雨で濡れた桑の葉を一枚一枚布切れでふきとることもありました。

カイコさんは四回脱皮を繰り返して大きくなります。脱皮を単位として一齢、二齢と数えました。四齢から上簇までの約一〇日間は、まさに戦争です。カイコさんの大食漢の時期だからです。雨の日は、軒先に枝をつるして団扇《うちわ》で風を送って乾かすありさまでした。

四回目の脱皮を終えて一〇日ほどすると、カイコさんのからだは透明になるのでシクと呼ぶ床へ移し替えます。藁で作られたシクは、四十年代には写真のような回転簇に変わり、繭の生産性は向上し、農家の懐《ふところ》が潤いました。

◀ボール紙製の枠の中にきれいにつくられた繭。（昭和47年、長浜市国友町で）

菜種《なたね》

梅雨の晴れ間のハンの木に菜種が「さん積み」に積み上げられ、黄金色に輝いています。乾燥したその殻にちょっと触れただけでも種子がパラパラとこぼれ落ちます。漢方薬の「六神丸」に似た種子は手ですくっても指の間からいつの間にか抜け落ちてしまいます。その感触は乾いた小砂が指の間からこぼれてゆくのに似ています。

戦後の一時期は、二毛作としてほとんどの農家で米の裏作に麦やレンゲとともにつくられた菜種でしたが、近ごろは見ることもできません。

その実は、搾《しぼ》られて食用油になりました。菜食民族の日本人の食生活に欠くことのできないものでした。バターやマーガリンのない時代、貴重な植物性脂肪として大切な食用となったのです。

また、灯火用として照明の燃料ともなりました。電気がつくまでの灯用燃料はすべてナタネ油に頼っていたのです。工業用にも使われ、機械オイルなどの潤滑油ともなってきました。

菜種を搾って油にしてくれる店もありました。材料と加工賃を持っていくと待っている間に持参した一升瓶や徳利に入れてくれました。そして、搾りカスの「油粕《かす》」ももらって帰りました。

この油粕が肥料としてよく効いたのです。田畑の肥料は人糞《じんぷん》と油粕に頼っていた時代です。油粕はスイカなどに施すと、甘い大玉がたくさんできました。

菜種は青いうちに刈り取って写真のように積み上げて数日すると、カサカサに乾燥します。

脱穀に機械は使わず、筵やシートを広げてその上に束を置き、足で踏むのです。よく乾燥しているため実ははじけるように殻と分離します。自給用に作られていたため一日で終わる作業でしたが、麦刈りや養蚕の上簇《じょうぞく》と重なる時期だったため、農家にとっては過酷な労働が続く一時期でした。収穫を終えた殻は、風呂炊《た》きの材料としたり、畑の敷きワラ代わりにしたり、何一つ残すことなく使いこなされました。

◀畔の木に積み上げられた菜種。カサカサに乾燥するとちょっと触れただけでも、パラパラとこぼれ落ちました。（昭和53年6月、長浜市東上坂町で）

ビール麦

転作田の麦が黄色く色づき、しなやかに穂を垂れ、風にそよいでいます。

麦には、大麦、小麦、ライ麦、裸麦などがあります。大麦の中でも、大きくそろった粒がすっきり二列に並んでいる二条種の麦がビールの原料になるため、「ビール麦」と呼ばれています。粒が大きく、いきいきとしたツヤがあり、エキス分が豊かでデンプン質に富み、発芽力が強いため、よい麦《ばく》芽《が》(モルト)になる条件を備えているそうです。

ビール麦は、しなやかに伸びた茎と芒《ぼう》(ヒゲ)の長い穂が特徴で、弱々しそうに見えていながら腰の強い麦なのです。

今日ではあまり見かけにくくなりましたが、昭和三十年代は、大麦、小麦についで多く作付けされ、いたるところで栽培されていました。

小麦や精麦して麦飯に炊き込んだ大麦の芒は、ヒゲが固く短く、ゴツゴツしていましたが、ビール麦の芒は習字の筆の筆先のような柔らかさと優しさがありました。何本かの穂先をもぎ取って頬《ほお》をなでると、「シッカロール」をつけるような感触を感じたものです。

昭和四十年代に入ると麦の作付面積は一時激減しましたが、政府の減反政策によって、四十年代後半から転作作物として、また増え始めました。が、転作用は小麦がほとんど。大麦、ビール麦は輸入に押されてか、影をひそめていきました。

その穂波は、寄せては返すさざ波のよう。ビール麦を見るとなぜか心がなごみました。うっとおしい梅雨空の下で南国の明るさを感じたものです。

「麦畑」というと、暗くなるまで野良で遊んだつらく、さみしく、悲しく、人恋しい少年時代の思い出が凝縮されています。同時にビールの味も姿も知らない当時、ラジオを通して聞こえてきた「赤い靴」や「東京ブギウギ」などの歌声が私の耳の奥に染み込んで、アメリカ生まれのモノに強い憧れを抱いたものでした。

麦の穂波は、郷愁と追憶のリズムを奏でているように思えてなりません。

◀しなやかな穂が風にそよぐビール麦。南国の明るさを感じた光景です。
(昭和53年ごろ、びわ町安養寺付近で)

半夏生《はんげしょう》

一年で日が最も長くなるのが六月二十二日の夏至《げし》。半夏生は、この日から数えて十一日目。新暦の七月二日ごろにあたります。

中国産の毒草「半夏」（カラスビシャク）が生えるときの意で、この日の前夜に井戸にフタをしておかないと天から毒気が降って井戸水にまじるとの迷信がありました。

農家ではハゲと呼び、田植えの終期としてきました。ハンゲハンケ（半夏半毛）といって半夏生になってからの田植えでは収穫が半分しかないと言い伝えられています。

この日は、農耕作業のひと区切りの日でありました。ハゲに働くと頭が禿《は》げるというおかしな俗信もあります。麦の刈り取りの時期にあたり、ムギユといって麦の初穂供えが行われるところもあります。

長浜市泉町ではこの日氏神にお湯が上げられます。「湯の花」の神事が行われるのです。鍬《くわ》をかついで田まわし、田の水口へ御神酒《おみき》を注いだり、柏《かしわ》餅を作って家内で喜び合う農家が湖北には多くみられます。

湖西の滋賀郡志賀町では、氏神にうどんを供え、客を迎えて手打ちうどんを作って祝うところがあるそうです。この日の雨は大雨になる、水を使うな、氏神に山イモを供えよ、とされる村もあるようです。

また、半夏生は梅の旬《しゅん》。しかし、この日は梅には触れるな、とされています。

湖北地方の半夏生は勘定日でもありました。春、耕起から田植えまでの間の他家の田を耕作した賃金をもらう日で、いわば百姓のボーナス日でした。農家の勘定は半夏生と秋じまいの二回。この日ふところをあたためた湖北の農民は「浜行き」（長浜へ遊びや買い物に行くこと）を楽しんだのです。

商店も、この日までのツケ売りを積極的に行って得意客をつかんでいきました。農耕儀礼が地域経済をうるおしてきたためずらしい例です。

▲半夏生の７月２日に行われる氏神への御神酒上げ。神酒は大釜に煮えたぎる湯の中へ注いだあと田回りをします。（昭和54年７月、長浜市泉町で）

ハゲ

おじいさんが田の水口《みなくち》に御神酒《おみき》を注いでいます。

一年中でいちばん昼が長くなる夏至（六月二十二日）から数えて十一日目が半夏生《はんげしょう》で、湖北地方ではこの日をハゲと呼び、自己耕作田の田回りをし、稲の無事な生育を祈ってこうして御神酒を捧《ささ》げてきました。ハゲは七月二日ごろにあたります。

この日は野止め（野休みの日）とされ、湯の花などの神事もよく行われています。

一年の農作業の半分を終えた時期で、早苗も青々と伸び、草取りも終え、ぬりつけ（水を落として泥を干すため手のひらで田面をなでる作業）を待つばかりのころです。もう少し稲が伸びるまでは水が欠かせません。「豊かな水に恵まれて虫や風の被害もなく、無事に実りの秋を迎えたい」そんな農民の祈りにも似た気持ちがハゲの習俗を伝えてきました。

鍬をかついで田頭《たがしら》に御神酒を注いで回る水口回りをしたあと、家でボタ餅や柏餅を作ってハゲを祝ってきたのです。

日本には、古代から一年を二季とする古い固有の暦法に基づく習俗が伝わってきました。暮れの大晦日《おおみそか》に対し、六月晦日《みそか》という言葉があり、六月《みなづき》祓《ばらえ》といわれる夏越祓《なごしのはらえ》の神事が行われ、神社では茅《ち》の輪くぐりなどが行われています。

半年の息災を喜び、生活にひとつのケジメをつけてきたものですが、農耕の六月祓がハゲでもありました。

気候的には梅雨の中休みの時期で、春蚕も上蔟《じょうぞく》し、麦や菜種の収穫もほとんど終わったころ。

農民には野休みの日でしたが、もうひとつうれしい楽しみがありました。「ハゲ払い」の日でした。春先からよその田を耕作してきた手間賃の勘定口だったのです。農民の顔も財布のヒモもゆるむ日でもありました。

ハゲでひと息ついたあとには、猛暑の中での「ぬりつけ」の農作業と、水との闘いが待ち構えていたのです。

◀稲の無事な生育を祈って、田んぼの水口に御神酒を注ぐ農家。（53年７月、長浜市泉町で）

雨乞《あまご》い

湖北は、自然災害の少ない豊かな土地だ、平和な土地だ──湖北の人はだれもがそう信じていますが、じつは、今日までの農耕の歴史は、自然災害といのちがけで闘ってきた父祖の血と汗の集積がありました。それは、水との闘いの歴史でもあったといえます。

満々と水をたたえた琵琶湖が近くにありながら、晴天が半月も続けば各地で旱魃《かんばつ》の被害が続出しました。一カ月も続けば収穫不能の事態に陥りました。盆地のために琵琶湖にそそぐ河川が短く、流域面積が小さいための宿命でした。

湖北の主要河川である姉川《あねがわ》、高時川《たかときがわ》、余呉川《よごがわ》、天野川《あまのがわ》もすぐにカラカラ。山ぞいの谷水を集めた、ため池もすぐに使えなくなります。

人々はなすすべがありませんでした。ひたすら神に祈る以外になかったのです。井立《ゆた》てをしたり、野神に祈ったり、太鼓をとどろかせて夜を徹して雨乞《ご》い祈願をくりかえしたりしました。

村の惨状を見るに見かねて身投げし、龍になって雨を降らせたという村の娘の悲しい伝説も多く残されています。

村はずれの野神の上に雲が湧《わ》き、雷鳴がとどろくのを待ったりもしました。

最も多い雨乞祈願のかたちは、雨乞太鼓《たいこ》踊りでした。伊吹山麓から七尾山麓、さらに、伊香具の里（木之本町）から余呉にかけて分布の多い太鼓踊りがそれを如実に物語っています。

〽今年水無月大日照り／瀬々の川々水絶えて／植えし早苗も枯れがれに／いでやこの民のうれいを吾神に／つげ奉り雨乞す／三日三晩とかけまわる／しばしも早く利生の雨／とくどくうるわせたびたまえ

伊吹町春照《すいじょう》に伝わる太鼓踊り雨乞唄《うた》の一節です。三日三晩、五夜五日の願かけ踊りは常でした。

悲惨な水争いの話も多いのですが、争う水もなくなれば、人々は心を一つにして天に祈るしかなかったのです。

▲旱魃で大きなひび割れができ枯死寸前の水田。この年の水不足は深刻で、伊吹町大清水ほか各所では水ドロボウを監視する「水番」が復活したほどでした。（昭和53年７月、長浜市鳥羽上町で）

堰《ゆ》立て

「雨乞《ご》い」の項でも紹介したように、米作りは水との闘いの歴史でした。湖北の河川は、延長が短かく流域が小さいため晴天が続けばすぐに水が細ってしまいます。川の水をせき止めるのが井堰《いせき》で、それをつくる作業を堰《ゆ》立て（井《ゆ》立て）といいます。姉川や高時川では、琵琶《びわ》湖からの揚水施設ができるまで、いたるところでこの堰立ての光景を見ることができました。

姉川では、龍《たつ》ヶ鼻（長浜市東上坂町）から国友町にかけて、一一カ所の底樋《そこひ》や井堰が存在します。

底樋は、川底に丸太や石組みのトンネルをつくり、川底を流れる伏流水を取水する導水口。川の水が枯れたときでも威力を発揮しました。

井堰は、毎年春の用水期に丸太組みされました。が、出水のたびに流失するのが常でした。修復は多くの労力と費用を要するたいへんな作業のくり返しでした。

堰立ては、時と場所によっては胸まで水につかっての作業となります。丸太を三又《みつまた》に組んで土嚢《どのう》で押さえ、丸太や青竹を横に渡して筵《むしろ》などでせき止める原始的なものです。それが、それぞれの水系の受益水田を守ってきました。戦後、砂利採取などによる河床低下で、年に何回もの堰立てを余儀なくされた村もありました。

高時川においても同様でした。ここでは、わずか二キロメートル《キロメートル》の間に六つの井堰が存在し、堰立てもさることながら上流の井堰を下流の村人が切り落とす「井《ゆ》落し」の凄惨《せいさん》な記録が多く残されています。その代表格が木之本町古橋にあり、そこからの用水が下流八カ村で利用されていた「餅《もち》の井落し」。下流の農民は、白装束に身を固め、村総代は紋付き羽織に陣笠《じんがさ》で姿で先頭に立ち、村々は早鐘を打ち鳴らし総動員出動。上流の井堰の役員にあいさつするとはいえ、力づくでの井堰の切り崩し作業でした。井落としという壮絶な水争いは、昭和十五年まで何百年もの間続いてきたのです。

「堰《ゆ》立て」も「井《ゆ》落し」もまさに、村の存亡をかけた大事な大事な農耕行事でした。

▲姉川に三叉を組み堰立て作業を行う農家。昭和29年、上流に合同井堰ができた以後もこうした作業は続いてきました。（昭和51年７月、長浜市東上坂町地先で）

井戸替え

井戸の水をくみ出し、水の中から出てくる籾《もみ》の形や数、質によってその年の豊凶を占う行事が虎姫町三川にいまも伝わっています。

元三《がんざん》大師の通称で信仰され、天台中興の祖ともいわれる十八代天台座主《ざす》・慈恵大師《じけいだいし》良源《りょうげん》が生まれた玉泉寺《ぎょくせんじ》の水替え行事（お水取り）です。

本堂の南側にある元三大師が産湯《うぶゆ》を使ったと伝えられる池が毎年八月七日（七日盆）にくみ出されるため、水かけ盆ともいわれています。

クジで選ばれた八人の戸主は、一週間肉や魚を断《た》って精進したあと、白装束に身を固め、池の水をくみ出します。水をザルに通すと不思議なことに籾があらわれるのです。

四年に一度は、みたらし池といわれる親池の水をくみ出します。横穴をふさぐ「龍石」と呼ぶ大石もとり出されます。その横穴は、約一〇㌔上流の浅井町野瀬の奥にある大吉寺の池とつながっているといわれています。

水中からあらわれる籾は、中身が腐って籾殻だけの状態。その色、形、大きさによって村の総代が作柄を判定します。

多い年は二〇粒ちかくあらわれることもあり、炭化状態の籾が出ると台風が来る、と信じられています。

籾がどこからどうして湧き出してくるのか、それは深い謎に包まれていますが、昔、本堂の地下に兵糧米《ひょうろうまい》が埋められていたのでは―と村の古老は推理しています。

くみ出された水は、参拝の村人に浴びせます。水がかかると夏負けしないといわれています。

浅井町尊勝寺にも同様の水替え神事が伝わっています。毎年七月八日が麦祭りで、井戸替えは七月第一日曜日に若衆の手で行われています。昔は浮き上がる麦の数によって豊凶が占われましたが、今は水替え行事だけとなってしまいました。

この時期の豊凶占いは、虫と台風の被害をさけて実りの秋を迎えたいという農民たちの切なる願いのかたちにほかなりません。

▲みたらし井戸の水をくみ出し、参拝の村人にぶっかける虎姫町三川、玉泉寺の井戸替え「お水取り」行事。池の中から浮き出した籾によってその年の作柄が占われます。（昭和51年８月写す）

枝打ち

夏の暑い昼下がり、農家が畔《はん》の木に梯子《はしご》をかけて枝を切っています。稲刈りを前に不用な枝を取り除いて稲架《はさ》を作りやすくしているのです。

庭木の剪定《せんてい》をするように丁寧に手入れされています。畔の木は頂部だけに緑の帽子をかむり、下はスマートな一本足です。枝打ちは畔の木の散髪でもあります。生長が早いこの木は、一年で無精《ぶしょう》ヒゲが生えたように枝が繁茂します。枝打ちされた畔の木は「あーあ、サッパリした」「気持ちいーっ」とつぶやいているようでもあります。

田の畦に縦横に緑のベルトを形成し、夏は格好のいっぷく場となる木陰を作ってきた畔の木も、圃場《ほじょう》整備事業によって消滅してしまいました。

日本海側気候にあることから起こる晩秋の「湖北しぐれ」を克服する米づくりの知恵の象徴だった湖北の風情は、すべて消滅してしまいました。

枝打ちされた枝は、束ねて家に持ち帰り、カマドや風呂《ふろ》の薪《たきぎ》になりました。貴重な燃料となったのです。

刈り取りが機械化され、バインダーやコンバインが登場するようになると、木の手入れが十分でない田は、さんざんな目にあいました。台風などで枝が折れて四散していると機械のバリカンのような歯に枝が食い込み、歯が折れてしまうこともあったからです。

畔の木の木陰は、ぬりつけ、草取り、ヒエぬきなど夏の野良仕事の休憩場となりましたが、木陰は日照時間の不足から、稲の生育を遅らせました。田んぼ一面に黄金波が波打っているのに、畔の木の陰だけ青々としていることも多く、その部分だけ刈り取りを一週間ほど遅らせることもありました。収穫作業が二度手間になっても、湖北しぐれを乗りきるために、畔の木は貴重な存在でした。

明治時代に食糧増産のため皆伐《かいばつ》され、戦時中は燃料確保のため切り倒されたものの、その後は大切に守り育てられた畔の木でしたが、圃場《ほじょう》整備事業には抗すべくもなかったのです。

◀前年に繁茂した畔の木の枝打ちをする農家の人。(昭和53年8月、高月町で)

水なし川

湖北平野を流れる姉川《あねがわ》、高時川《たかときがわ》は、七月から八月にかけて、写真のように一滴の水も流れない「水なし川」になることが多くあります。

河川の延長も短く、流域面積も小さいため、何日も日照りが続くと干《ひ》上がり、ご覧のとおりです。排水河川ではなく田面より川床が高い天井川になっているため、なおさらです。

七月は稲穂が出る前の穂ばらみ期。八月に入ると出穂します。田植え以後水が張られていた水田は、六月末にいったん干《ほ》し上げられます。が、穂ばらみ期から出穂期にかけて、再び水が必要になるのです。この時期に水がないと病害虫が多発します。畑の野菜も快晴の日が続くと、ぐったりとしたれるように、稲も同様です。やがて枯死してしまいます。

人間にたとえるなら、のどがカラカラ。脱水症になったようなもの。水は天に祈るしかありません。神だのみです。雨乞い太鼓《たいこ》踊りが湖北に多く伝承されているのは、こうした土地柄のゆえです。

太鼓踊りは、伊吹山麓から七尾山麓、そして伊香郡にかけて多く行われてきました。谷水に頼っていた山沿いの村々は、この上もなく悲惨だったようです。

雨乞い太鼓踊りは、三日三晩、五日五夜、連続して行われた記録もあります。雨が降ると歓喜するように返礼太鼓踊りです。

五月の用水期には、水争いが頻発《ひんぱつ》しました。が、七月から八月にかけての出穂期には、村々が連帯して雨を乞いました。この時期の用水は「かけ水」といわれるように、時折降る雨で急場がしのげたのです。水が消えた水なし川の川床を見つめていると、水と闘い雨を乞《こ》うた祖父の労苦がしのばれます。

近年、灌漑《かんがい》排水事業が進んで、水田も台所と同じように蛇口をひねれば水が出る便利な時代になりました。水なし川にまつわる水争いも雨乞い踊りも、毒流しや魚つかみも昔語りになってしまいました。

◀水が必要な出穂期に干上がることが多い湖北の川。（昭和58年８月、高月町馬上地先の高時川）

あらし

夏の湖北路を走ると、水田の一角が畑にされているところをよく見かけます。これが「あらし」です。スイカ、マクワ、ウリなどの蔓物《つる》やトマト、ナスなどがよく植えられています。連作を嫌うこうした作物は、あらしに作るととてもよくできるのです。スイカなどは、一度植えた土地では五年以上の期間を置かないと植えても枯死してしまいます。菜園畑がある農家でも、よほど大きな土地でないと、同一場所に年々交互につる物を作付ける輪作ができません。あらしは、そうした生活の知恵からつくられたものでしょう。

湖北のあらしは草一本生えていないくらいよく世話がされていました。前述の作物を自家用にどっさり作るために、米を作らず菜園にしたのです。ウリやキュウリは酒粕につけて奈良漬けにし、ナスは塩押しして冬の保存食にしました。

スイカ、マクワ、トマトなどは生鮮野菜。地下水が自噴する井戸につけておけば天然の冷蔵庫です。摂氏一二度という冷たい水は一番うまみを感じる温度。夏、ギラギラ照りつける太陽の下での野良仕事の一服に、井戸に冷やして表面に水滴がいっぱいついたスイカやトマトをほおばるときの満足感はこたえられません。

その充実感もさることながら、あらしの世話にあたる父や母の思いは、盆に都会から里帰りする息子や娘や孫たちにうまいヤツを食べさせてやりたい、その一念につきるでしょう。息子や娘たちも、澄んだ空気の中で、地下水で冷やしたそうめんやスイカ、マクワ、トマト、トウモロコシを腹いっぱい食べ、井戸で冷やしたビールをグイッとやり、冷房無縁の家の中をかけぬけるさわ風の中で横になる――そんなのんびり休日を夢見て帰郷してくるのでしょう。

あらしにも大敵がいました。カラスです。スイカなどに穴をあけ、うまい汁をチャッカリ吸いとってしまいます。そのため「おどし」を作って根くらべ。かつてあらしの大敵は人間さまだったのですが……。

▲田んぼの一角でスイカやトマト、ナスなどの夏野菜をつくる「あらし」。
（昭和51年、高月町で）

ウンカ

左の写真は粉雪が舞っているようでもあり、お天気のよい日に部屋の掃除をしたときの空中に浮かぶほこりのようでもあります。が、夏の暑い夜、外灯に群がるウンカの大群です。窓を開けておくと、電灯の周りをぐるぐる飛び回り、顔の周りにもまとわりつく小さな虫です。うっかりしているとチクリとやられます。

日本の米づくりは、第一には水に苦しみ、二番目にこの虫と闘ってきました。人間が米をつくるようになってから長い間、この虫にいじめられてきたのです。

形はセミに似ていますが、体長およそ五ミリの小さな昆虫です。色は薄緑色。ヨコバイも含めてウンカと呼んでいます。漢字は「浮塵子《うんか》」と書きます。塵《ちり》が浮いているような光景をつくるところからきた字なのでしょう。

セジロウンカ、ヒメトビウンカ、トビイロウンカ、ツマグロヨコバイなどたくさんの種類がおり、こぬか虫とも呼ばれ、糠蝿《ぬかばえ》とも書きます。

歴史の上では、異常発生で水稲が全滅したこともたびたびあったようです。それだけに、この虫退治に人々は知恵を絞ってきました。

湖北地方に今も伝わる「虫送り松明《たいまつ》」から、米づくりの苦闘をしのぶことができます。

虫送りは、村中総出で松明を手に畦道を回ります。「田の虫送るぞう、イモチを送るぞう、送れ送れやまいむし（病虫）送れ、こぬか虫送るぞう、田畑のあく虫送ろ」と口々に叫びながら夜の村境の道をかけ回ります。古代から連綿と続くこの行事は、今も続いているのです。それは、動く誘蛾《が》灯でもありました。

人間は自然を征服することができないことをこの虫が教えてくれています。年々強力な農薬が開発されていますが、退治することはできません。一時期、ヘリコプターでの一斉防除が行われてきましたが、しばらく鎮静化させたにすぎなかったのです。

◀むし暑い夏の夜、街路灯に群がるウンカの大群。（昭和51年８月、長浜市神照町で）

虫送り

「田の虫送るぞう、イモチを送るぞう」「送れ、送れ、病虫《やまいむし》送れ」「コヌカ虫送るぞう」。

音頭取りが「これなに送ろ」と声をかければ、皆が「田畑のあく虫送ろ」と大声をはりあげます。

神職や御幣を先頭に、松明《たいまつ》を手にした村人が、隣村との境界にあたる畦道を鉦《かね》や太鼓のはやしに乗ってねり歩く虫送りの行事がいまも湖北地方に伝わっています。

虫送りは稲の害虫を追い払う火祭りです。ワラ人形を作って村はずれで燃やす「人形送り」と、松明で虫を追う行事の二つの型があります。

いずれも、七月下旬の穂ばらみ期と、お盆から二百十日（九月一日）ごろにかけて行われる野神祭の一行事として行われています。

太鼓をたたき、松明の火で害虫を追い出し、追い出し、村のはずれから山の彼方や川へ、また湖へと虫を送ってゆきます。

木之本町古橋では、ヨシの束の先に七本のソリ木をさし、ネソの木で結わえたムカデの形をした長さ約五メートルの松明をつくり、四人の若衆がかついで村はずれで火をかけます。いわゆる人形送りの形をとどめる虫送りが毎年八月十八日に行われています。

木之本町川合では、八月十八日の野神祭の早暁、麻木を束ねた松明に山の中腹の稲荷神社で火をつけ、高時川の両岸をぐるぐる回って最後は松明を川へ流します。木之本町千田では、湧出山《ゆるぎやま》の中腹にある野神塚で松明に点火し、山道を下り村境の野道を回る、虫送り松明行事が昭和五十二年まで行われてきました。松明は誘蛾灯の役割を果たしてきました。こうした虫送りの火祭りは、木之本町、余呉町、西浅井町で多く伝承されています。

余呉町椿坂《つばきざか》では、サネモリ（実盛）送りと言われてきましたが、この呼称は、中部地方以西で多く使われている呼び名です。

この行事を「虫殺し」と言わずに「虫送り」と言うのは、稲によせる呪《じゅ》術的な祈りをこめた、やさしい昔の人の心根だと言えるでしょう。

▲松明を手に手に湧出山の山すそから村境の野道を回る木之本町千田の野神祭の虫送り松明。この光景も、北陸自動車道建設で山が削られたためこの年が最後になりました。（昭和52年８月、高月町と木之本町の境で）

空中防除

七月末から八月上旬にかけて、農村部では二回にわたってヘリコプターによる空中防除が行われてきました。

この時期は穂が出る前の穂ばらみ期。穂イモチ、穂枯れ、紋枯れなどの病気が発生しやすいのです。また、ニカメイガ、ウンカ、ヨコバイ、カメムシなどの害虫も多発する時期。個人、個人が農薬散布を行っても、散布しない田があると病害虫の温床《おんしょう》になってしまいます。

そこで、昭和四十年代に市町村ごとに病害虫防除協議会がつくられて空中防除が行われるようになりました。これは大幅な省力化であり、当時、やっと日本の農業も欧米並の近代農業の時代に入った、と誰もが手放しで喜びました。

しかし、今日、空中防除は曲がり角にきています。「うるさい」「洗濯物が汚れる」「駐車してある自家用車に薬品が付着した」などの苦情が障壁となってきたのです。散布薬剤は飛散防止のために粉剤から乳剤に切り替えられていますが、長浜市内は昭和六十二年（一九八七）から中止されています。

年々、強力な薬品が開発されていますが、それでもなお病害虫は根絶できません。戦争中は人間の食料にさえなったイナゴをはじめドジョウやタニシも姿を消しました。しかし、病害虫は衰えを知りません。むしろ、イネミズゾウムシなどの新種の害虫が登場し猛威を振るっているほどです。それは、ここ二十年余りの間のできごとです。

今日の日本の農業は「薬漬けの米づくり」といえるほどです。

種まきや苗の段階でバカ苗病、イモチ病、ゴマ葉枯れ病、立枯れ病、イネシンガレセンチュウなどの予防に二～三回、田植え後の五月にイネミズゾウムシ、イネドロオイムシ防除、六月にはニカメイガ、葉イモチ防除、そして七月から八月にかけてが防除の最盛期。空中の防除は出穂前と穂ぞろい期の二回。早朝に行われるのは、風がなく朝露で薬剤が葉に吸収されやすいためです。

▲７月末と８月初旬の２回、病害虫防除のために行われてきたヘリコプターによる農薬散布。（昭和54年７月、長浜市垣籠町付近で）

病害虫防除

夏の早朝、まだ稲が朝露にぬれているころ、農家の人が二人で田んぼの消毒をしています。片方の人が動力噴霧機を背負い、もう一人が長いチューブの先を握っています。チューブの穴から粉剤がシャワーのように田面に向かって噴出しています。

七月から八月にかけてよく見られる病害虫防除の農薬散布の光景です。病原菌や害虫は毎年消毒を繰り返しても、根を断つことはできません。農薬メーカーは相次いで強力な薬剤を開発しますが、病害虫は退治されるどころか、新種の病気や虫が次々と現れています。稲の根と茎を食い荒らすイネミズゾウムシなどは、二十年前にはあまり聞かれなかった害虫です。

この時期、稲の病気は、葉イモチ、穂イモチ、穂枯れ病、紋枯れ病、籾枯れ細菌病などが発生します。害虫では、二化めい虫、ウンカ、ヨコバイ、カメムシなどが猛威をふるう季節です。

昭和四十年代の半ばからヘリコプターによる共同防除が行われるようになりましたが、前後二回の空中散布が行われても、写真のように人力で追い打ちをかけなければならないほどです。

農薬の殺虫力はとても強力です。マスクをせずに多量に吸い込んだら中毒症状を起こします。それでも、ウンカ、ヨコバイ、カメムシなどは後を絶ちません。弱いトンボやホタルなどが犠牲になっていきました。戦時中は食糧にさえなったイナゴは、もう絶滅に近い状態です。

農薬散布は夏の一時期だけではありません。種籾の段階から薬液に浸され、六月末までに二回、三回と強力な薬剤がまかれます。

今日の米は消毒づけの中で生産された製品です。化学肥料と農薬に依存しているため、田の土はどんどんやせていると言われています。

強力な農薬開発競争と新種の病害虫登場、化学肥料依存と田土の有機物不足、自然の摂理とイタチごっこの競争を繰り返しているのが今日の日本の農業の姿と言えましょう。

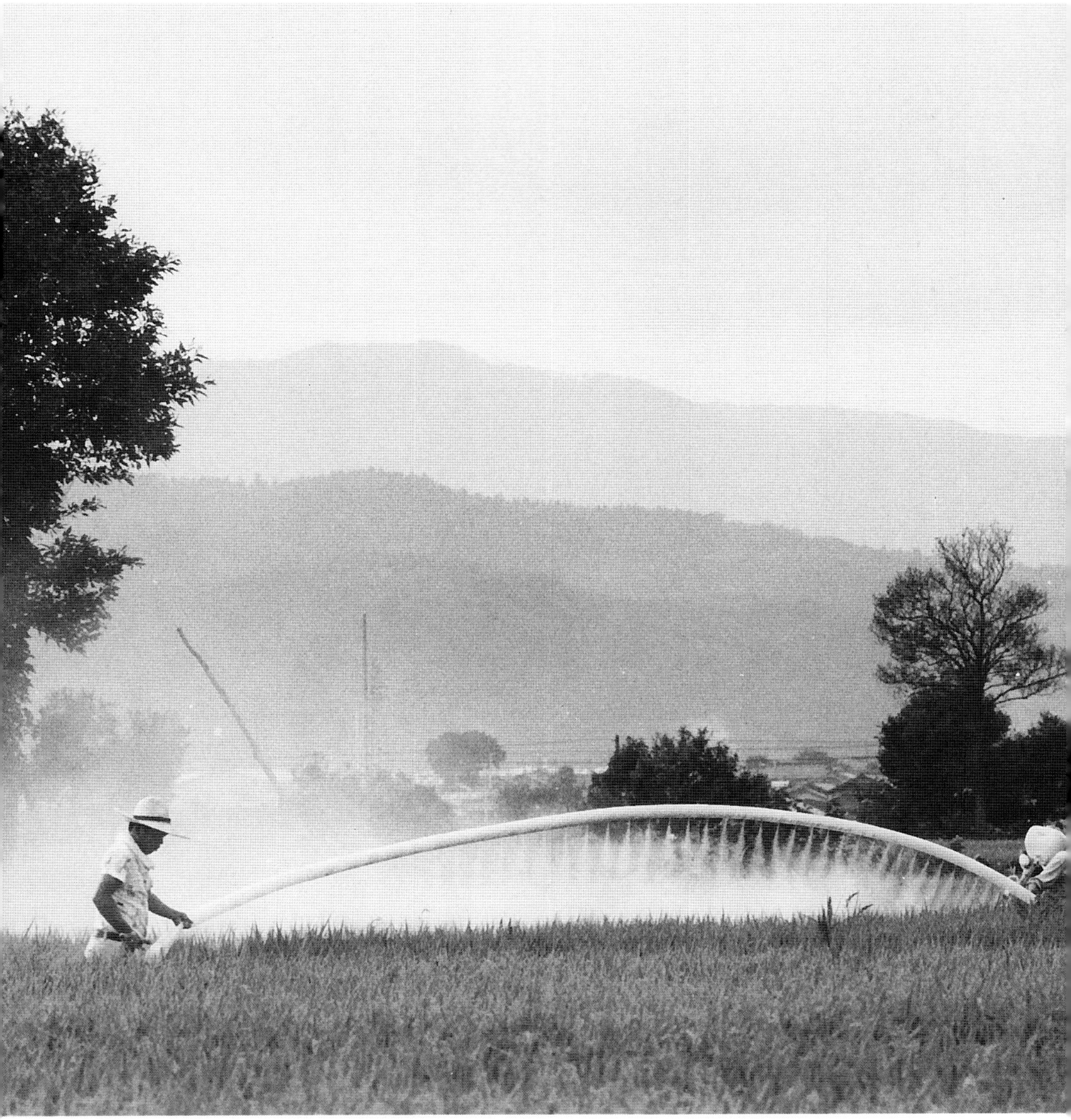

▲夏の早朝、朝露にぬれて出穂前の稲の病気や虫害防除の消毒をする農家の人たち。（昭和55年８月、高月町で）

野神祭

巨木や巨岩を神とする野神塚の分布は、不思議なことに伊香郡高月町、木之本町、余呉町に集中しています。すぐ南の東浅井郡湖北町でその存在が確認されるのは、三十五集落のうち三集落のみ。びわ町、虎姫町、浅井町と長浜市以南にはほとんどありません。

その祭事は、高月町では八月十六日から十八日にかけて、木之本町では十六日から二十四日にかけて、余呉町では十八日から二十五日の間に集中しています。

他の市町では、野神塚はなくても野神祭を行っている集落は多くあります。

この時期は稲の開花期。いったん干し上げた田に再び水を入れる用水期であるうえ、病害虫と風を最も警戒しなければならない時期です。

そのためか、野神塚での儀式とともに、虫送り松明《たいまつ》や太鼓踊りが盛んに行われます。また、野神慰霊と思われる草相撲《くさずもう》（大角力大会）や野神踊り（盆踊り）を行う村も多く見られます。

祭儀は、厄よけと同時に無事な生殖への祈りでもありました。高月町尾山《おやま》・持寺《もってら》、井口《いのくち》などに見られる男神と女神の交配と見られる儀礼や、男性のシンボル、女性の陰部の形相を見せる御神体への鎮護の祈りなどからそのことがうかがえます。余呉町上丹生《かみにゅう》では、大蛇退治の願いをこめるかのような木製長刀の野神（ケヤキの古木の洞）への奉納があります。

虫送りや太鼓踊りは、隣村との境界線にあたる畦《あぜ》道をめぐる「郷《ごう》回り」が行われるのが常です。まさに、村をあげて村を守る村の一大行事とされてきました。余呉町国安《くにやす》では、五つの隣村の若者が集まって式踊りを披露する五箇《ごか》踊り（野神踊り）が伝わっています。こうした祭事は、若衆組がつかさどる村がほとんどです。

冷害、旱魃《かんばつ》、病害虫、台風——野神祭は、自然の猛威の前になすすべを知らなかった遠い祖先が、いのちがけで米づくりに打ちこんだ祈りのうたでした。

◀男杉と女杉のまわりに敷きつめられた玉石の上を、御幣を持った青年がミツバチのようにぐるぐる回って二つの神の仲だちをする高月町尾山・持寺の野神祭。（昭和55年８月）

野神さん

真夏の太陽が西へ傾くころ、村の人みんなが山の中腹に登って、会食をしながら楽しい団らんのひとときを過ごしています。伊香郡木之本町千田の「野神さん」のひとコマです。

野神は、村はずれの巨木を神宿る木と崇《あが》め、山の神が春先に里へ降り、秋の収穫が終わるまでこの木に常在すると信じられてきた原始信仰のかたちでした。巨木が朽ちたため巨石が配されている村や、平地だけのところもあります。

巨木や巨石、聖地が現存する地域は、伊香郡高月町、木之本町、余呉町が中心ですが、こうした「塚」のない湖北の村では「野休みの日」「野止め」として伝承されています。野神さんが祀《まつ》られるのは八月十五日から二十五日にかけてです。災害の厄日《やくび》といわれる二百十日（九月一日ごろ）を前に、出穂期であるため、雨をこいながらも、病害虫や風水害から逃れて無事に実りの秋を迎えたいと、私たちの先祖は野神に祈り続けてきました。

この日に、虫送りの松明や太鼓踊りが行われる村はたくさんあります。木之本町千田もそのひとつです。千田区の野神塚は湧出山《ゆるぎやま》の東斜面にありました。土がこんもりと盛り上がった場所。その昔、巨木が倒壊した跡なのでしょう。

写真の年が湧出山での最後の野神さん。翌年の昭和五十四年から北陸自動車道の工事が始まり、聖地は削られて消滅してしまいました。今日では、高速道路の東側に石碑が設けられ、碑前祭だけ行われています。

酒の勢いで古老が太鼓踊りを始めました。夜のとばりが下りるころ、子供たちは持参した松明に点火し、村の人は暗くなった山道を松明で足元を照らしながら下山します。村の入り口では高張り提灯《ちょうちん》の出迎えを受け、今度は笛、鉦《かね》、太鼓を響かせながら、隣村との境を確認する「郷《ごう》回り」です。

村の楽しいレクリエーションとなった野神さん。しかし、村落共同体の区域やルールは、野神さんを通じて伝承されていました。

▲山の中腹の野神さんの広場で夕暮れの会食を楽しむ村人たち。北陸自動車道の工事でこの年が最後でした。（昭和54年８月、木之本町千田で）

郷《ごう》回り

カーン、カーン　ドンドドン　ドン

人っ子一人いない野道に鉦《かね》と太鼓の音が響きます。村境の道を行く「郷回り」の一行です。

青竹に御幣《ごへい》を掲げる二人が先頭をゆきます。浴衣の上に羽織をまとった若者の後ろには鉦を打つ人。さらに六人の太鼓打ちが続きます。太鼓打ちは頭にシャグマと呼ばれる鳥の羽根の冠をつけた少年たち。毎年、お盆過ぎに行われている木之本町赤尾の野神祭のひとこまです。

赤尾では、こうした一行が氏神にもうでたあと、村はずれの野神塚へ参り、村境を練る郷回りが行われ、夜には勇壮華麗な太鼓踊りが村人に披露されています。

二百十日の前後、八月十五日から二十五日にかけての野神祭は、台風や病害虫から逃れて豊作の無事を願う農耕儀礼です。

この日に郷回りが行われる村が多く、木之本古橋では柴で大きな虫を作り、村境で火にかけたあと、燃えがらをかついで郷回りをします。

木之本町川合の虫送り松明も、今は高時川の川岸を回っていますが、昔は峰から峰への郷回りが行われていました。千田では高張り提灯を先頭に夕やみ迫る村境に長い行列が続きます。

木之本町古橋、石道、高月町高野では、毎年十一月に村中総出で己高山《こだかみ》へ登り、帰りは境界改めをしながら下山されています。

このように、郷回りは村を守る大事な行事として連綿と受け継がれてきました。

荒地を開き、水や虫や嵐や旱魃《かんばつ》と闘ってきた村人にとって、村境は村の防衛線でした。先祖の血がしみこんだ村の生命線でもありました。

郷回りには子供が主役を務める村が多く見られます。村域を確認し合い、絶えず村地内の様子をチェックすることを、子供のころからからだで覚えさせようとする村人の知恵から生まれた習慣でしょう。

郷回りは、親から子へ、子から孫へ伝えられてきた村の伝統のひとつです。

▲御幣を先頭に太鼓を打つ少年たちが村境の野道をゆく郷回り。(昭和55年8月、木之本町赤尾で)

案山子《かかし》

〽山田の中の一本足のカカシ、天気がよいのにミノカサつけて……

子どものころから口ずさんできた案山子の歌。案山子は、稲を食い荒らす鳥たちへの監視役、番人であり、鳥追い人形もありましたが、このごろはずいぶん様変わりしています。

いまも時折、見かけますが、十数年前から大きな目の玉風船が登場しました。が、湖北の山里へ入ると案山子の姿は様変わりします。写真のような形をよく見かけます。

「へのへのもへの」はもう古い、と言っているような案山子です。田には漁網が張られ、ジュースの空き缶が二個ずつヒモでつるされています。

湖北の山里の中でも、余呉町丹生谷《にゅう》の案山子は、スズメなどの鳥追いではなく、サル（野猿）にニラミをきかせ、その侵入を防止する仕掛なのです。エンコ（猿公）の被害から守る苦肉の策がこんな案山子をつくり出しました。

丹生谷のサルは、ここ十年余り群れをなして田畑を荒らしています。村の人たちは杉野谷（木之本町杉野周辺）の造林が進んだため丹生谷へ移動してきた、と言っています。

三十匹から五十匹近い集団が実り始めた水田を襲うとひとたまりもありません。まだ熟していない青い稲穂を手でしごいて口へほうり込み、グシャグシャとかんで汁を吸い、籾殻はペッと吐き出します。

群れはギャーギャーと声をかけ合い、水田の中を駆け回るため、風のない日でも稲穂が波立ちますからよくわかります。

群れには一匹か二匹の見張り役がいて、木の枝の上でニラミをきかせ、人間が近づくと一斉に山へ逃げこんでしまいます。

こうした案山子がどれだけサルへの脅威になっているのか。おサルさんに聞いてみないとわかりませんが、サルは殺したくないし、さりとて田畑を荒らされては困るし……村の人たちの思いあまった心情が案山子の形にもよく表れています。

▲ユーモラスな表情の山里の案山子。（昭和62年８月、余呉町上丹生で）

杭《くい》小屋

稲架杭《はさぐい》が田んぼのそばで出番を待っています。夏の終わりのころ、稲が青い穂をつけ始めたころの光景です。湖北地方で写真のような野辺の杭小屋はもうあまり見かけられなくなりました。秋の取り入れが終わると家へ持ち帰り、納屋や作業所の軒下に格納されるからです。家に格納場所がなかったり運搬に不便な山あいの田が点在しているような所に、こうしたものが作られました。雨や雪が直接当たらないようにちゃんと藁で屋根がつくられています。

稲架による天日干しは全国的に行われてきました。が、北陸地方を除く土地では、田の中に杭を二本交わるように立て、横に竹を一本渡し、そこへ稲を掛ける簡単なもの。北陸地方は何段にも竹を渡し、屏風《びょうぶ》のような稲架をつくってきました。

その杭を畦《あぜ》に常設したものが稲架杭であり畔《はん》の木でした。湖北地方の畔の木は、わが国における分布の南限でもありました。

畔の木は生長するため毎年世話をしなければなりません。木陰は収量が落ち、収穫時期がズレこみます。そのため稲架杭が用いられ、収穫のあと片付けられたものが写真のような杭小屋でした。

九月に入ると稲架は組み立てられます。中旬すぎから早稲《わせ》種のコシヒカリの刈り取りが始まるからです。稲を掛けて天日に干すのは約一〇日間。昔から「照り降り十日」と言われてきました。途中で雨にぬれても、一〇日目には最良の乾燥状態になっている、という目安に使われた言葉でした。一年間の米づくりの中で一〇日間使うための小道具でもあったのです。

刈り取りと脱穀を同時に行うコンバインが登場していらい、稲架も杭小屋もどんどん姿を消しています。やがて無用の長物になるでしょう。

コンバインなら一〇《ル》《アー》（一反）の刈り取りと脱穀を一時間余りですませてしまいます。稲架は組むだけでも半日仕事です。

現在でも使っておられる家は自家用米を確保するだけの農家くらいでしょう。

▲田んぼのそばで稲架の材料を保管する杭小屋。（52年８月、西浅井町で）

泥流し

村の人たちが総出で腰まで水につかって泥さらえをしています。東浅井郡浅井町田川区でひと昔前まで行われていた溜《ため》池の清掃作業のひとコマ。

浅井町の北学区と呼ばれる山ぞいの村には、昔から農業用水に不自由してきたため、溜池が多く点在しています。田川の溜池は、ヒシクイガンが多く飛来する西池に次いで大きな池。大きいといっても面積は五千平方メートル余り。この水で田川郷三百反（三〇ヘクタール）の大半の用水が賄《まかな》われてきました。

村の上流からの落とし水と谷水を集めてきたため、池には年々ヘドロが堆積します。そこで二年に一度、用水期が終わった八月末から九月にかけて、池の水を落として写真のような泥さらえ作業が行われてきました。泥さらえというより、排水川に泥をかき落とすため「泥流し」といわれてきました。二、三十人の人が、池の中で木製のミザラを押します。土手の上では、その倍ほどの人がヨーイショと引っぱります。こうして池の泥を川へ流していたのです。

川が天然の水路だったころは自浄力がありました。が、圃場整備事業などで河川改修が進むと、泥水がストレートに琵琶湖に流入するようになってしまいました。

何百年にもわたって続いてきた伝統も、昭和五十年代に入って琵琶湖汚染と漁業への影響を考えて中止されてしまいました。琵琶湖の水を余呉湖へポンプアップし、湖北平野を潤す国営湖北用水が浅井町までも延びて用水確保の心配がなくなったこともありました。

村の人が心を一つにして汗を流すさまは、実にすがすがしい光景です。池が米づくりの生命線であったうえ、村の防火用水ともなっていたため、みんなの表情は真剣でした。

泥流しには、魚を手づかみする楽しみもありました。かつて青年会の人たちがコイやフナの稚魚を放流し、会の活動財源としていたため、泥をさらえると小川で大きなコイやフナがピチピチはねるのです。

▲村中総出で腰まで水につかり、溜池にたまった泥をさらえて排水川へかき落とす「泥流し」。(昭和52年9月、浅井町田川で)

八朔《はっさく》

八朔は旧暦の八月一日（新暦の九月一日）をいいます。この日、稲の初穂を田の神、氏神、道祖神、墓などに掛ける穂かけ行事は東北地方で広く行われています。

西日本では、豊作を願う行事が多くなります。この日は、タノミまたはタノモの節供とも言われ、稲の穂出しを祈願する行事が行われます。

タノミは、田の実（穂）の実りを田の神（野神）にタノミ（頼み）まつる習慣とも言われます。九州ではサクタノミ（作頼み）が広く行われ、虫送り、風祭りなど虫害・風よけをまじなう行事もあります。

この日品物の贈答をしあう風習も広くみられます。八朔に田の実（新米）を贈答しあう風習はすでに南北朝時代の記録にみえ、秋の実りを待つ時期に、早稲米《わせ》を神に供え、協同で働きあった仲間で分かちあい、牛馬にもねぎらいの心をかけてやるのが本来の八朔行事の姿であったと思われます。

八朔を休み日とするところは近畿地方に多く、勘定日、昼寝の終わる日、夜なべのはじまる日ともされ、里芋を供えて里芋の掘りはじめの日とする風習もあります。

野神祭が八朔的な色合いが濃いためか湖北地方では少ないなかで、湖北町速水、伊豆神社の八朔祭りは野菜御輿《みこし》がくり出すことで知られています。

御輿は、本体の骨組みのみが木組みで、あとはすべて野菜。屋根はヒノキ葉、紋は大豆、タル木は里芋のズイキ、柱には昇り龍、降り龍のつくりもの。扉にはゴマ、大豆、小豆でさまざまな絵が描かれ、屋根の上にはカボチャ、キュウリ、トウキビ、ケイトウの花でつくられた鳳凰《ほうおう》はくちばしにしっかりと新しい稲穂をくわえています。九月二日夜、この御輿が村中をねり歩きました。

その御輿も昭和五十二年以降不定期開催となっています。湖北では特異なこの野菜御輿が次に見られるのはいつのことでしょう。

▲湖北町速水、伊豆神社の八朔祭り・野菜御輿。骨組み以外はすべて野菜でつくられ、製作に１カ月以上かけた手づくり芸術品です。（昭和52年９月、湖北町速水で）

御初穂《おはつほ》

春先から丹精こめて育ててきた稲に立派な穂を見た農民の喜びは、たとえようもないものがあったでしょう。きびしい自然条件との闘いだったからこそ躍り上がって喜びたいような心境だったにちがいありません。

秋祭りや十一月の霜月祭《しもつき》り、新嘗祭《にいなめさい》は、新穀感謝の祭事でした。湖北では、秋祭りに先がけ、九月に行われる野神祭に御初穂を供える村もあります。が、秋祭りこそお初穂とその心を寄せ合った感謝と喜びのかたちでした。

それは、米だけではありません。蕎麦《そば》、粟《あわ》、大豆などのほか、あらゆる〝成りもの〟に感謝の気持をあらわしてきました。一般家庭では、初ものを神棚や仏壇に供えるゆかしい習慣が、今も多くの農家で受け継がれています。

秋祭りは、春先から稲田を守ってくれた田の神に感謝して初穂を供え、新穀でつくった神饌、神酒《みき》でもてなすのが、原型でした。

そこには、田の神を再び山に送る観念が息づいています。古く奈良時代から、天皇が新穀を神に供え、それをいただく新嘗祭が宮中の重要行事として十一月の卯《う》の日に行われてきましたが、この時期に、民間行事として霜月祭りが盛んに行われ、それがだんだん早くなり、野神信仰としての秋祭りに変化してきたとされます。いまもわが国では二月の祈年祭と十一月の新嘗祭は、重要な農耕儀礼として各地に伝わっています。

御初穂の心は新嘗の心。湖北におけるそれは、秋祭りや灯明祭に見ることができます。それは、初ものを食する喜びの心であり、収穫への感謝をこめた農民のハレの場であり、田の神を再び山に送る挽歌のように思えます。

三宝に盛られた稲穂の束には収穫の喜びが満ちあふれています。氏子が氏神に供える「御初穂」の袋もはじけるほどの新米が詰めこまれています。

「ありがとう」の心が色あせていく今日、改めて、御初穂に喜びの心情を託した父祖の心をかみしめてみたいものです。

▲御初穂を中心に、豆、イモなどをたくさん供え野神に感謝する秋まつり（野神祭）。五つの御幣は、五穀を象徴します。（昭和53年9月、伊吹町上野で）

虫供養

毎年八月、野神祭のころに湖北地方の多くの村で稲の害虫を退治する虫追い、虫送りの松明行事が行われますが、田の虫退治とは逆に、虫を供養する行事が九月十五日に放生会《ほうじょうえ》虫供養として浅井町野瀬にある天台宗の寺、大吉寺《だいきちじ》で営まれます。「一寸の虫にも五分の魂」自然の摂理を乱せばそのむくいは人間に降りかかる——「汝是虫類発菩提心悉皆成仏」という殺生《せっしょう》をいましめる天台密教の慈悲の教えが虫供養です。

大吉寺における虫供養のはじまりは平安末期とされています。平治の乱に破れた源義朝が東国へ逃れる時、一行からはぐれた一六歳の頼朝が草野谷で土地の豪士に助けられ、恩返しに寺領寄進とともに「近江一国六十余州一戸につき一合ずつの米を集めてもよい」との書状を与えられました。以来「大吉寺虫供養」として湖北の家々から布施を集めたとの記録があります。

その後、養蚕の盛んな土地柄ゆえに、蚕《かいこ》の供養的な性格をもちつつ、檀家なき寺の護持のための重要行事として連綿と受けつがれてきました。

行事は、その年の三月十日の涅槃会《ねはんえ》にはじまります。三月十日に本尊の分身を預かり守る頭人が浅井町東学区からクジで選ばれ、以後、頭家で厨子《ずし》入り御像に家内安全、五穀豊作を祈るのです。近年は東学区以外からも頭人が選ばれるようになっています。

法要にあたって、寺の信徒総代の手で東浅井郡内と伊吹町、山東町、長浜市の一部地域約一万戸に紙袋が配られ、仏餉《ぶっしょう》（＝米）が集められます。この米と頭家の上納金が法要財源となるのです。

三月十日に本尊の分身を家に預かり、九月十五日に満願を迎えた頭人は、御像を胸に、親族、楽人、天台僧とともに寺に参り、盛大に虫供養法要が営まれるのです。

頭人となれるのは何百年に一度のめぐり合わせ。頭を受ければ家門のほまれ、こうした仏縁を喜ぶ風土の中で虫供養は受けつがれてきました。己高山《こだかみ》や竹生島《ちくぶ》の御頭《おとう》行事と同様に……。

▲放生会虫供養の日、大吉寺への山道をゆく頭人とその一族の列。春に頭をうけ、満願の日を迎えた頭人の胸に、大吉寺本尊の分身がしっかりと抱かれています。(昭和52年 9 月15日写す)

太鼓《たいこ》踊り

湖北には太鼓踊りが多く伝わっています。毎年、あるいは何年かに一度、定期的に行われている村は二十を越えます。戦前まで行われていた村はさらに多くなります。その分布を見ると、伊吹山麓から七尾山麓、さらに、高月町から木之本町、余呉町にまたがっています。山ぞいの集落に多いことは明らかです。

太鼓踊りは、雨乞《ご》い踊りと返礼踊りで構成されているところが多く、かつて旱魃《かんばつ》に苦しみ、水とたたかってきた祖先の悲惨な歴史をしのぶことができます。

湖北地方の太鼓踊りには三つの型があります。

伊吹山麓から七尾山麓にかけては、豪壮華麗な大人数多彩型。高月町周辺は大太鼓中心演舞型。余呉町から木之本町杉野谷にかけては短冊《たんざく》踊型というように分類できます。

伊吹町春照《すいじょう》、上野、大清水《おおしみず》、山東町朝日、大野木、浅井町大路《おち》、北之郷《きたのごう》、鍛冶屋《かじや》などは、総勢五十人から百人もの踊り手があります。

湖北町八日市《ようかいち》、高月町唐川《からかわ》、木之本町赤尾、余呉町下余呉などは、直径二メートルちかい大太鼓を中心に、鳥の羽根の帽子をつけた十数人の子どもたちが演舞します。

木之本町古橋《ふるはし》、川合《かわい》、杉野《すぎの》、金居原《かねいはら》、余呉町中《なかの》河内《かわち》などは、五色の短冊をつるした青竹を背負って四人の若者が踊ります。

伊吹町春照の太鼓踊りには、大名行列を模したような姿に宿場町の面影と、山伏、法印の登場などから山岳信仰の昔日がしのばれます。

浅井町鍛冶屋は「太閤《たいこう》踊り」。木之本町赤尾は「賤ケ岳《しずがたけ》太鼓踊り」。これらは長い歴史の中で雨乞いから郷土芸能に昇華しました。踊りと唄にその背景がうたいこまれています。

ともあれ、湖北の太鼓踊りは貴重な民俗文化財。水を得んがために雨を乞い、村内の田畑が守られてきた歴史がそこにあります。祖先の血のにじむような苦闘の日々を思い起こして、そのおかげによる今日の幸せをかみしめたいものです。

◀豪壮華麗な伊吹町春照の太鼓踊り。100人近い太鼓打ちのほかに、ふくべ、奴《やっこ》、法印、山伏、女衆など総勢200人をこえる大行列です。（昭和59年9月、伊吹町春照、八幡神社境内で）

猪囲《ししがこ》い

田んぼの周りに延々と波板鉄板で柵がつくられています。午後の日差しを受けて白く輝き、さながら万里の長城のようです。実りはじめた稲を猪《いのしし》の被害から守るために設けられた猪囲《ししがこ》いです。かつて、山里でよく見かけた光景です。最近でもときどき見かけます。

猪は古代から農作物の害獣の筆頭とされてきました。夜行性のため人間が出会うことはめったになく、伴猪《ともい》といって仔《こ》を連れて群れをなして歩くため、実った田を一夜のうちに台なしにしてしまいます。

仔は全身に縞があり、形が瓜《うり》に似ているためウリボウとも言われ、動物園では子供たちの人気者ですが、実は、このウリボウは手に負えないいたずら小僧なのです。

猪が田に入ると、ゴロン、ゴロンと転がって稲を倒して稲穂をうまく食べてしまいます。その助太刀《だち》役がウリボウで、ウリボウは倒れた稲の上で運動会を始めるのです。そのため、猪に襲われた田は台風のあとのようにぺっしゃんこに倒伏し絨《じゅう》毯《たん》のようになってしまいます。

山すその日当たりのよい土が露出した場所をヌタ場と言います。猪はこうした場所で転がって全身に泥をぬりつける習性があります。毛に付着するダニなどを防ぐためです。田んぼへ入った猪群団は、ヌタ場同様に田一面を荒らし回ります。

古代からこうした猪の被害に泣かされてきた農民は、山の神に救いを求めたり、猪小屋をつくって夜番をし猪追いをしたこともあったようです。湖北には猪の防御のための石垣（猪垣）はありませんが、余呉町鷲見《わしみ》の山の神は猪を踏みつけた神像がご神体とされています。

猪囲いは、こうした猪と人間の知恵比べの光景です。猪は障害物を跳び越えることができないため、ちょっとした柵《さく》で十分のようです。とは言え、囲いをつくる費用と労力は大変なもの。山里の人々の米づくりの苦労がしのばれます。

▲山すその田んぼの周りに設けられた猪囲い。(53年９月、西浅井町大浦で)

稲刈り

稲を鎌で刈り、刈った稲を交互にスガイ（結束用の藁《わら》）の上に置いて束にし、それを立てる光景は、もうほとんど見られなくなりました。

写真のような広い区画の田での稲刈りは、東浅井郡より南で見られた光景でした。伊香郡では、畔《はん》の木に小さな束を掛ける稲架《はさ》掛けが多かったからです。

翌朝早く脱穀する時は、稲穂が夜露でぬれないうちに稲山に積み上げたものです。

日没まで作業を続けるこの農家では、翌朝早く脱穀をする必要がなかったのでしょう。

刈り取った後の切り株は整然としています。田植えの時、「型押し」して植えられたのでしょう。

乾田の稲刈り作業は楽でしたが、湿田（ドボ田）の稲刈りは大変でした。湿田では、穂先が水でぬれないよう「田舟」が使われました。田舟は一メートル角、深さ二〇センチくらいの木の箱舟でした。それを手で引きながら移動させました。稲束は一束ごとに畦《あぜ》まで運んだものです。

昭和四十年ごろまでの品種には、籾がこぼれやすいものが多かったのです。そのため、刈り取ると、垂れた穂などを伸ばすために、さっと一振りして、そっとスガイの上に置きました。稲刈りにもコツがありました。落ち穂ができないように、一本の稲穂も大切に扱われたのです。腰には落穂を拾って入れるための竹籠をつけていました。その後、農業の機械化とともに品種改良が進んだため、今はもうその心配はありません。

昭和三十年ごろまでは、イナゴがたくさんいました。イナゴ捕りは子供の仕事でした。稲穂には直径一センチに満たないマリモのような、黒い煤《すす》のようなものができることがありました。カビのような青い粉が手や衣服に付着しましたが、農家の人は「これができると豊作じゃ」と多収のシンボルのように喜んでいました。

良質の米は供出して、農家は二番米といわれる商品価値の少ない米を飯米《はんまい》（自家用米）にしていた時代でした。

▲刈り取った稲束を立てた稲刈り風景。(昭和50年ごろ、びわ町で)

バインダー

稲を刈り取って小さな束にし、ポンと横へ投げ出す機械が軽快なエンジン音を響かせています。自動結束器つき刈り取り機、バインダーです。

昭和四十年以降の日本農業は、目覚ましい勢いで機械化が進みました。三十年代後半に動脱（動力脱穀機）や自脱（自動脱穀機）が普及しましたが、このころ、機械が刈り取った稲をヒモで結んで束にするなど想像もできないことでした。

バインダーの結束部分はアメリカからの技術導入と聞きました。これが四十年代前半に爆発的に普及したのです。兼業が多い湖北、とりわけ、湖北しぐれを乗りきるために稲架《はさ》がけが多い伊香郡の農家には大きな福音だったのです。この小さな機械が、三人分も五人分もの仕事をしました。

バインダーの普及は、湖北の農業機械の普及をうながしました。いま、湖北の農業機械の普及率は日本一といわれますが、その基盤をつくったのがバインダーとも言えましょう。そのことが、半面では、経営規模拡大による専業農家の育成にブレーキになったとも言えます。

畦畔木《けいはんぼく》（畔の木）と稲架が並ぶ写真のような風景はもう見ることもできません。稲架のある風景は全国各地で見られました。いまも見られます。が、田の畦《あぜ》に天日乾燥用の畔の木を植えるのは、越前・越後などの北陸地方と湖北地方の一部だけ。日本海側気候がもたらした風土です。

稲架で天日乾燥された米はうまさがひときわちがいます。湖北しぐれに見舞われても「照り降り十日」。稲架がけして十日目に脱穀すれば、機械乾燥も及ばない最高の乾燥状態になるのです。昔の人の知恵はたいしたものです。

近年バインダーの姿は山里の小さな田か自家米だけを耕作している農家でしか見ることはできません。刈り取り、脱穀、藁《わら》切りを一度にさばくコンバインが主流を占めています。圃場《ほじょう》整備による水田区画の拡大で、二条刈りから四条刈りへの大型化が進んでいます。無人運転ができる機種も登場しています。

▲刈った稲を自動結束するバインダーによる秋のとり入れ。（昭和52年10月、高月町で）

コンバイン

稲刈りと脱穀《だっこく》、藁《わら》切りを同時にこなすコンバインが軽快なエンジン音を響かせながら、見るみるうちに稲穂の波を刈りとっていきます。

空には真綿《まわた》をちぎったような絹雲がたなびく天高く馬肥ゆる秋。遠くには、籾《もみ》を集荷、乾燥、貯蔵するカントリーエレベーターが見えます。

農業の基盤整備で一変した農村風景。昭和五十年代に入って農業の機械化は一段と加速し、作業は楽になり、兼業化が進みました。

コンバインが普及する以前は、朝の暗いうちから朝露を踏みながら脱穀に精を出し、夕方も星空を見るまで稲刈りと翌朝の準備にあたったものですが、この機械の登場後、朝露で稲が濡《ぬ》れていると胴の中に籾が目詰まりしてしまうため、田んぼへの「出勤」も午前九時過ぎでよくなりました。

機械も年々改良され、今日ではコンピューター内蔵のものが主流を占めています。機械の先端部のセンサーにより、稲株の間をうまく進むように制御され、籾がいっぱいになれば、警報ブザーが知らせてくれます。田の両サイドで転回する以外は無人運転が可能になったのです。

袋の詰め替え時などに機械をいったん停止させなくても自走したまま作業ができるのです。田んぼへ弁当を持参する必要もなくなり、きつく、きたない秋の重労働からも解放されました。

「ネコの手も借りたい」と言った時代は夢のよう。ひとりで十分。コンバインが五人分も一〇人分もの仕事をしてくれます。

脱穀を終えた籾は軽トラックでカントリーエレベーターへ運ぶだけ。二《ヘク》〈タル〉くらいの田んぼなら、三、四日で収穫を終えてしまいます。日曜農業で十分こなせるようになりました。

半面、機械への投資は増す一方。機械化貧乏といわれるくらいです。低利融資や税制面の優遇はあっても、米代金から肥料や農薬代、水利費、機械の償却費を差し引けば、手元にはあまり残りません。それでも農家は先祖伝来の土地の保持のために農業機械の導入に努めてきました。

▲コンバインによる秋の収穫風景。（平成２年10月、長浜市国友町で）

稲架《はさ》

「照り降り十日」。これは私たちの遠い祖先が、籾の天日乾燥を目安としてあみ出した言葉でした。

いまは、めっきり少なくなりましたが二十年ほど前までは、秋の湖北路を走ると畔《はん》の木や杭《くい》に稲を掛けて乾燥させる稲架が、金の屏風《びょうぶ》のように連なっていました。

その分布をみると、高月町以北に多く、湖北町以南ではほとんど見られません。つまり伊香郡と東浅井郡の境界あたりが、秋の日本海側気候と太平洋側気候の分水嶺《ぶんすいれい》ともなっていたのでしょう。

抜けるような青空のいい天気なのに「パラパラ」と雨が降ることがあります。キツネにつままれたようなお天気のいたずらです。昔の人は、こうした現象を「キツネの嫁入り」と言ってきました。

また「北の空が暗くなってきたな」と思うと、雲が低く垂れこめて「サァー」と時雨《しぐれ》ることがあります。これが「湖北しぐれ」と言われる湖北特有の気候です。

青い空に虹が出る――湖北ならではの光景は、通りすがる者には詩情豊かな光景です。でも、この特異気象に湖北の農民は泣かされてきました。

筵の上で脱穀した籾を干す「籾干《もみ》し」ができないのです。籾干しを克服する知恵としてあみ出されたのが稲架でした。その用材を畔に常備したのが畔の木であり、必要な時期だけ設置するのが稲架でした。

何日目に稲架から降ろして脱穀するかが難しいところです。今日の供出米の水分含有量は一三%とされています。昔の人は水分含有量など知るよしもありません。

「降っても照っても十日目が脱穀の適期」――これが「照り降り十日」の語源です。昔は秋の仕事が遅かったのです。十日目が最良の乾燥状態だったようです。

先人の知恵はたいしたものです。その知恵が光る稲架の風景は、もう見ることもできません。

◀刈り取った稲を束にして天日で干すための稲架がけ作業。(昭和55年秋、余呉町で)

天日乾燥

九月から十月にかけて、湖北路を走ると畔《はん》の木や万年杭に竹を渡して稲の束をかける稲架《はさ》の風景にあちこちで出あったものです。それは、秋に晴天日が少なく、雨が多い日本海側の気象条件と闘ってきた先人が生み出した農耕の知恵でした。そして、黄金《こがね》色の屏風のような湖北特有の田園風景をつくり出してきました。

稲架は、湖北から越前（福井県）、越後（新潟県）にかけて多く見られます。

彦根地方気象台の過去三十年間のデータで、金沢市と彦根市の降雨日数を比べると、九月の降雨日は金沢が十三日、彦根は十二日。十月は金沢十三日、彦根十日。十一月は金沢十七日、彦根九日と、秋の深まりとともに日本海側に雨が多いことがわかります。

県下の降水量をみると、十月は余呉町中河内《なかのかわち》二二〇ミリ、木之本一三八ミリ、彦根一二八ミリ。十一月は中河内二七二ミリ、木之本一二一ミリ、彦根八四ミリと、直線距離でわずか二十キロほどなのに、その間に大きな気象の変化が見えます。

日本海側気候と太平洋側気候の分水嶺が湖北を走り稲架の分布となってきたのです。

その境は、伊香郡高月町あたりのようで、東浅井郡内では、稲架の風景はほとんど見られませんでした。伊香郡の秋は、籾干《もみほ》しもできない湖北しぐれの気まぐれ天気が多かったのです。

それだけに農民は、気象の変化に敏感でした。太陽や月が傘をかむると天気が崩れる。うろこ雲は三日のうちに雨。朝焼けは雨、夕焼けは日和。三日続きの霜のあとは雨。遠山の近く見えるは雨のきざし……など気象ことわざを生み出してきました。

そして稲架は、今日の機械乾燥では出せない米の味を出してきました。「照り降り十日」。稲架がけ十日目には水分一三％前後の最も質のよい米を生んだのです。まさに稲架は、湖北しぐれと闘ってきた先人が生み出した農耕の知恵だったのです。

▲屏風を立てたような稲架がけの風景。先人の知恵が「照り降り十日」の収穫鉄則のことわざを生み、天日乾燥10日目ごろ脱穀が最も味のよい湖北米を生んできました。（昭和53年10月、木之本町千田地先で）

イナゴ

ススキが晩秋の風に白い穂をなびかせ、その穂先が逆行にきらめく十月も終わりのころ、イナゴが仲良く交尾していました。

下が雌、上が雄。朝から夕方まで二匹はぴったりくっついたまま。時折、ブルンとからだを震わせ、大きな目玉をくるくる回しますが、カメラに接写レンズを装着して五センチくらいの所まで接近しても知らぬ顔です。

最近ではほとんど見かけなくなったイナゴですが、昔はたくさんいました。学校から帰るとイナゴ取りが日課でした。手ぬぐいを二つに折り、両端を縫いあげて袋にし、竹筒に袋の口を結んで、竹筒の中へつかんだイナゴをほおりこんだものでした。袋はすぐにいっぱいになります。ニワトリのエサ用です、イナゴをエサに与えると、殻の固い卵をたくさん産みました。

アフリカなどで空が黒くなるほどイナゴやバッタが大発生し、植物が全滅したようすがたびたびテレビで放映されましたが、湖北地方での大発生は聞いたことがありません。野鳥などの天敵とのバランスがうまく保たれていたのでしょう。

このイナゴが戦時中は人間さまの貴重なタンパク源になったのです。全国民が飢えに苦しんでいた時代でしたから、つくだ煮やだしジャコ代わりの調味料にされました。疎開を経験された都会の人は、イナゴの話を聞くと当時を思い出して涙されますが、農家の人はほとんど食べたことがないと言います。窮乏の時代とは言え農村では食べものにはそれほど困らなかったのでしょう。

近年、イナゴを見かけなくなったのは農薬のせいでしょう。また、稲の刈り取りが三十年前より一カ月も早くなり、成虫になる十月には農作業が終わっている圃場環境もあるかも知れません。

全滅したかに見えたイナゴは、今日では畑の中で命をつないでいます。白菜の葉などに時折見かけます。私が見かけたイナゴも、その葉の上で夢中でした。それは、種族の生存をかけての命懸けの交尾の姿なのかも知れません。

◀戦中・戦後の食糧難の時代には人間の食料にさえなったイナゴ。（昭和63年10月、長浜市国友町で）

秋の長雨

稲刈りを終えた田が水びたしになっています。さあ、脱穀、というときに雨にたたられることがよくありました。九月中旬から十月中旬にかけて、秋雨前線の停滞による「秋の長雨」に農家は泣かされてきたのです。

手刈りをしていた時代は一束ずつたばねて、翌日の脱穀のために「稲山」に積むか写真のように立てておきました。雨で籾が蒸さって米の品質が悪化したり、発芽を防ぐためです。

稲の束が長雨に遭うと中までぐっしょり濡れ、何日も晴天が続かないと脱穀不能になりました。その間に稲束の中で野ネズミが巣づくりをすることさえありました。

その点、稲架は便利でした。雨をはじいてしまいます。秋の長雨と湖北しぐれから自衛する知恵が美しい稲架の風景を描き出してきたのです。

昔の人は、秋の長雨も苦とせずに「秋霖《しゅうりん》」と呼んできました。夏の前に梅雨があるように本格的な秋を迎える前の雨期でしたが、自然にさからわずに自然体で生きてきた人々の暮らしの中で磨かれてきたことばです。糸を引くように静かに降り続ける秋雨、それが雨の林のように見えたのでしょう。晴耕雨読の土の詩のようにも思えます。

秋の長雨は、日本列島の上に前線が停滞し、北高南低の気圧配置となって雨をもたらしました。梅雨の時ほど雨量は多くありませんが、年によっては、台風が秋雨前線を刺激して豪雨となることもありました。

九月中旬から十月上旬にかけての秋雨シーズンは、雨量が多くなると同時に日照時間はぐんと少なくなります。曇天が多く、中秋の名月もなかなかお目にかかれません。「月に、むら雲」です。「中秋無月」「中秋雨月」と言われるくらいです。

秋の長雨は、農家の人にとっては、激しい秋の労働の「中いっぷく」でした。が、雨が降りやむと、じっとしていられない人は田回りをして倒れた稲束を起こして歩くほど勤勉そのものでした。

▲秋の長雨で水びたしになった水田。雨上がりに倒れた稲束を立てている農家の人の姿が見えます。(昭和50年９月、高月町で)

足踏み脱穀《だっこく》

ガーコン、ガーコン、ガーコン、ガーコン…

足で板を踏むと、ブラシのように釘《くぎ》の出た胴体が回転し、その上へ稲の穂先を乗せると籾《もみ》を稲からむしり取る――こんな脱穀作業の光景は昭和三十年代まで見られた農村風景でした。

大正時代にこの足踏み脱穀機が開発されてから半世紀近くも、こんな作業風景が見られました。

竹のミザラの上へ筵《むしろ》を敷いて機械を据えつけます。機械には籾が飛び散らないようさらに筵をかぶせて風洞をつくります。

脱穀された籾には、稲の葉や穂先がそのままのものもあるため「籾通《どお》し」でふるいにかけます。残ったものを「ヤタ」といいました。

籾は天日乾燥のため大八車で籾干し場へ運びます。ヤタは棒でたたいて、その中からさらに籾を選び出したものです。「ヤタカチ」といわれたその作業はまったく原始的な方法でした。

こうした脱穀作業は、前日に刈り取った稲を夕方稲山に積み上げ、翌朝、まだ暗い午前三時ごろから作業に入ったものです。その作業開始の時間と「ガーコン」の音によって、働き者か怠け者かが評価されたほどでした。

「働き者」といわれた人の中には、夜十時ごろまで作業し、家へ帰ると地下足袋《じかたび》を脱ぐことなく、上がりかまちで遅い夕飯をとり、風呂へもいかずにその場で横になって仮眠をとり、午前二時ごろ田んぼへ出かけた人があったほどです。

いまでは信じられないような話ですが、農民が少しでも身上《しんしょう》（財産）を伸ばそうとガムシャラに生きた時代でした。

足踏み脱穀機の次に登場したのが「動脱」。足踏みがエンジン付きになったものでした。その次が「自脱」といわれた自動脱穀機。エンジン付きで大きなチェーンが回転します。チェーンの間に稲藁を挟むと脱穀された藁が出てきます。このころ稲刈りも、「バインダー」と呼ばれた「自動刈り取り結束機」が登場してきました。昭和三十年代も終わりのころでした。

◀「ガーコン、ガーコン」と昭和30年代まで見られた足踏み脱穀風景。（昭和50年10月、長浜市川崎町で）

動《どう》脱《だつ》

エンジンのついた脱穀機で主婦が稲から籾を収穫する作業を行っています。

秋の収穫に機械が導入され始めた昭和三十年代に多く使用されていた動力脱穀機（動脱）です。

この動脱の普及以後、農業の機械化は急速に進みました。大きなチェーン上へ稲を乗せると自動的に脱穀する「自脱」、その後、無限軌道つきの自脱「ハーベスタ」が登場、重い機械を担いで運ぶ苦労はなくなりました。それも束の間、昭和五十年代に入るとコンバインの時代となりました。

昔の脱穀は、千把《せんば》といわれる道具でした。櫛《くし》のように突起した金属棒に稲を挟みしごくように手前に引いて籾を取り出したものです。

大正時代に足踏み脱穀機が登場しました。足で板を踏むと釘のついた円筒型の「胴」が回転して稲と籾を分離させる機械です。この足踏み脱穀機は昭和三十年代前半まで活躍しました。

写真の動脱の登場は、収穫作業の時間と労力をずいぶん軽減させせました。

しかし、それを田んぼへ運びこむのが大変でした。長い棒で二人で担がなければなりません。

エンジンが空冷ならよいのですが、水冷のディーゼルエンジンを重量が六〇キロを超え、棒もたわんで折れそうになるくらいでした。足がめりこむ湿田の中を運ぶのは並大抵ではありませんでした。この作業でぎっくり腰になり、以来腰が曲がってしまったという人はたくさんおられます。

機械の運搬のほか、荷の運び出しも同様です。籾をカマスやテゴに入れ、カマスは肩に担いで、テゴは天秤《てんびん》棒で運び出したものです。

写真の動脱は空冷エンジンの軽量型ですが、田面に竹で編んだミザラを敷き、その上に筵《むしろ》を敷いて機械を据えつけました。

上の口から稲を突っこみ、裏返してもう一度突っこむと、きれいに籾は稲から脱粒しました。しかし、稲の葉や稲先の藁が混入することもあるため、目の粗《あら》い「通《とお》し」で籾以外のものを除去する必要がありました。

▲動脱（動力脱穀機）の中へ稲を突っ込んで籾を取り出す作業にあたる農家の主婦。（昭和50年10月、余呉町上丹生で）

自脱《じだつ》

自動脱穀機による収穫作業です。昭和三十年代から四十年代にかけて、多くの農家で使われていた機械です。両手で稲をつかんで機械に突っ込むようにする動力脱穀機（動脱）とは違い、作業はいちだんとスピードアップしました。

機械をよく見ると、大きな二つのチェーンが回転しています。その間へ稲を送り込むと、籾だけが脱粒し藁《わら》は向こう側へ落ちるようになっていま す。稲送りは簡単で楽な作業ですが、脱穀後の藁を結束する人はキリキリ舞い。主婦の向こうで主人が腰をかがめての「藁くくり」です。藁は、スガイで結束され、いったん後方に山のように積まれます。後日「におに」に積み替えられました。

写真手前の右側に「チョボネ」が一部写っています。チョボネは刈り取った稲の山。人の背より高い大きな円筒状に積まれました。

穂先が重なり合うとむさる（発酵するように熱を帯び籾が変質する）ため、チョボネの中心部には空洞がつくられました。

乾田《かんでん》化した田んぼのため楽な作業のように見えますが、竹ミザラの上に筵《むしろ》が敷かれ、その上に機械が据え付けられているのです。

エンジンは水冷のディーゼルエンジン。これが重いのです。自脱本体も動脱よりかなり重く、田んぼへの搬入・搬出には泣かされました。脱穀場所まで棒で担いで運ぶのですが、天秤棒では短すぎて肩に重みが食い込むため、長くて太い竹を使いました。テコの原理で、棒は長いほど両端に加わる力は小さくなりますが、そのかわり吊った機械が上下、左右にブラン、ブランと揺れるため、時に尻もちをついて泥んこになることもありました。

主婦は前かけをしての稲送りです。稲の切り口に泥がついているため泥んこになるからです。おなかでトントンと稲の切り口をそろえるようにして機械に送り込みました。

その後、稲刈りと脱穀を一台で同時にこなすコンバインが登場し、天日乾燥して脱穀という工程自体がなくなります。

▲回転するチェーンの間へ稲を送り込む自動脱穀機（自脱）で作業をする農家の人。(昭和51年10月、びわ町で)

テゴ

農家の軒先に、藁《わら》で作った容器に籾《もみ》が入れられ秋の陽を浴びています。テゴと呼ばれる運搬具です。昔は、田んぼで脱穀された籾は、こうしたテゴや筵《むしろ》を二つ折りにし両端を縄で編んだカマスに入れて家へ持ち帰り、籾干し場で天日干しして乾燥させたものです。とても便利な容器でした。

テゴの語源は、広辞苑には「手児《てご》」とあります。藁で作られた堅固な器によちよち歩きするまでの乳児を入れ、ベビーサークル代わりに使ってきたところからこの名が出たようです。

テゴにもいろいろありました。写真は籾テゴですが、桑テゴ、ショウガ（小荷）テゴのほか、同様の運搬具にフゴやモッコがありました。

桑テゴは、俵のコモと同様の編み方をされ、直径が一・五《メートル》くらいの大きなものも作られました。桑畑で摘んだ桑の葉を蚕に給桑《きゅうそう》するまでの間、一時確保しておくための容器でした。ショウガテゴは端が高さ一五～二〇《センチ》のミニテゴです。野菜などを運ぶときによく使われました。

フゴも竹や藁で編んで物を運ぶ道具でテゴと同意語でした。釣った魚を入れるビクをフゴともいったようです。湖北ではお弁当を櫃《ひつ》のまま田んぼへ運ぶ容器をフゴといいました。

モッコは持籠《もちこ》から変化した語で、藁縄を網状に編んだものの四隅に吊紐《つりひも》をつけ土や肥料、農産物などを運ぶ道具としました。

テゴは米なら一俵（六〇《キロ》）はゆっくり入りました。それを昔の人は天秤棒《てんびんぼう》で担いで運びました。

籾や米だけではありません。糠《ぬか》、イリコ、コヌカのほか麦や豆などもテゴに入れて運ばれました。

テゴが活躍した時代は激しい農作業の日々でした。朝は暗いうちから、夜も日が暮れるまで、農家の人の働く姿がありました。一日五回も食事をした時代でした。朝食と昼食の間に午前の小昼、そして午後三時ごろにも小昼がとられました。

テゴは、農業が日本の基幹産業だったころの懐かしい器です。

▲田んぼで脱穀された籾が入ったテゴ。このあと籾はテゴからあけられ筵の上で天日干しされました。（昭和50年10月、長浜市国友町で）

籠車輪《かごしゃりん》

大きな車輪を押して農家の人が脱穀した籾を運んでいます。車輪が回転しても、その内側にレールがついているために、荷台は一定しています。珍しい籠車輪です。山東町で見かけた光景です。

圃場整備事業が施工される以前は、各地に湿田《しつでん》が多くありました。その上、高低差のため一反（一〇アール）の田も何枚（何区画）にも分かれており、荷運びは大変な重労働でした。脱穀した籾を運ぶだけではありません。

コンバインが普及する以前は、動脱（動力脱穀機）や自脱（自動脱穀機）が秋の取り入れの主役でした。動脱は、足踏み脱穀機が機械化されたもの。手で稲束をつかんで回転胴の中へ突っ込むようにして脱穀しました。空冷エンジンは機械の前頭部に取り付けられましたが、水冷エンジンは、本体とは別にし、幅の広いベルトでつなぎました。そのエンジンの重かったこと……。

自脱は、回転する上下のチェーンの間に稲藁を送れば自動的に脱穀できました。が、脱穀する人と脱穀後の藁を束ねる人の二人一組でないと作業はできませんでした。自脱の次には機械が自走するハーベスターが登場しました。

動脱や自脱と、そのエンジンの運搬はひと苦労でした。本体の重量は百キロくらいあったでしょう。それを棒で担ぐのです。太い棒や竹でも弓なりになりました。若い者でも息が切れましたから、老夫婦の場合はなおさら大変だったでしょう。

籠車輪は、重い水冷エンジンでもらくらく運べました。そして、脱穀後の籾の運搬もらくらく。小さな畦《あぜ》は平気で乗り越えていきました。

写真の人は、山東町市場《いちば》の三浦鼎三《ていぞう》さん。「じゅる田（湿田）」の運搬には重宝されたようです。「娘の嫁ぎ先の近江町能登瀬《のとせ》からもろたんや。籾なら二俵（一二〇キロ）くらいは平気です」と笑顔で語っておられました。

いまは、圃場整備事業の完成で、田んぼの中を軽トラックが走り回れるほど乾田《かんでん》化しましたから、籠車輪は無用の長物になってしまいました。

◀車輪の中へ籾など重い物を乗せて運ぶ籠車輪。（昭和53年９月、山東町市場で）

藁稲架《わらばさ》

ぬけるような青い空と白い雲がとてもさわやかです。稲を刈り取り、脱穀したあとの藁《わら》を積み上げた「にお」が点々と見えます。屏風《びょうぶ》のように立っているのが稲架です。

ハサはふつう稲架と書き、県内では伊香郡に多く見られました。田の畦《あぜ》に植えられた畔《はん》の木に竹を横に何段もくくりつけたものと、秋の間だけ長い杭《くい》を田んぼに立てて横竹を渡したものとがありました。余呉湖周辺では、その杭を立てたままにした万年杭のものもありました。

写真の稲架は、脱穀したあとの藁を加工用に使うために乾燥させている藁稲架です。

昔は一本の藁も大切にしました。乾燥させたあと家の中へ取り入れ、冬の間に自家用の縄、筵、コモ、テゴ、フゴなどをつくりました。縄や筵はたくさん作って販売する人もありました。草履《ぞうり》、草鞋《わらじ》、藁靴などもつくられました。

こうした加工用に使う藁は「にお」に積んだものではダメでした。草いきれで繊維質がもろくなってしまうからです。だから、刈り取って脱穀したあとすぐに稲架にかけて天日に干されました。

稲の品種によって草丈はさまざまです。加工藁はできるだけ腰高の稲草で倒伏していないショキンとした葉がまだ青いものが選ばれました。

昭和三十年代に姿を消した「農林二十八号」などは加工用の藁としては最高でした。稲刈りを乱暴にするとよくこぼれ落ちましたが米粒が大きく、何より腰高で、筵《むしろ》などを織るのにちょうど手ごろでした。当時は十月から十一月にかけてが稲刈りの最盛期で、早生の品種でも九月の稲刈りなどは想像もできなかったくらいです。

農業の機械化とともに稲の品種改良も随分すすみました。こぼれず、倒れず、収量の多い、うまい米が開発されていきました。北近江では、近年はコシヒカリ、ビワミノリが主流で、ヒノヒカリが新しく登場してきました。三十年前とくらべるといずれも草丈がかなり短くなっています。

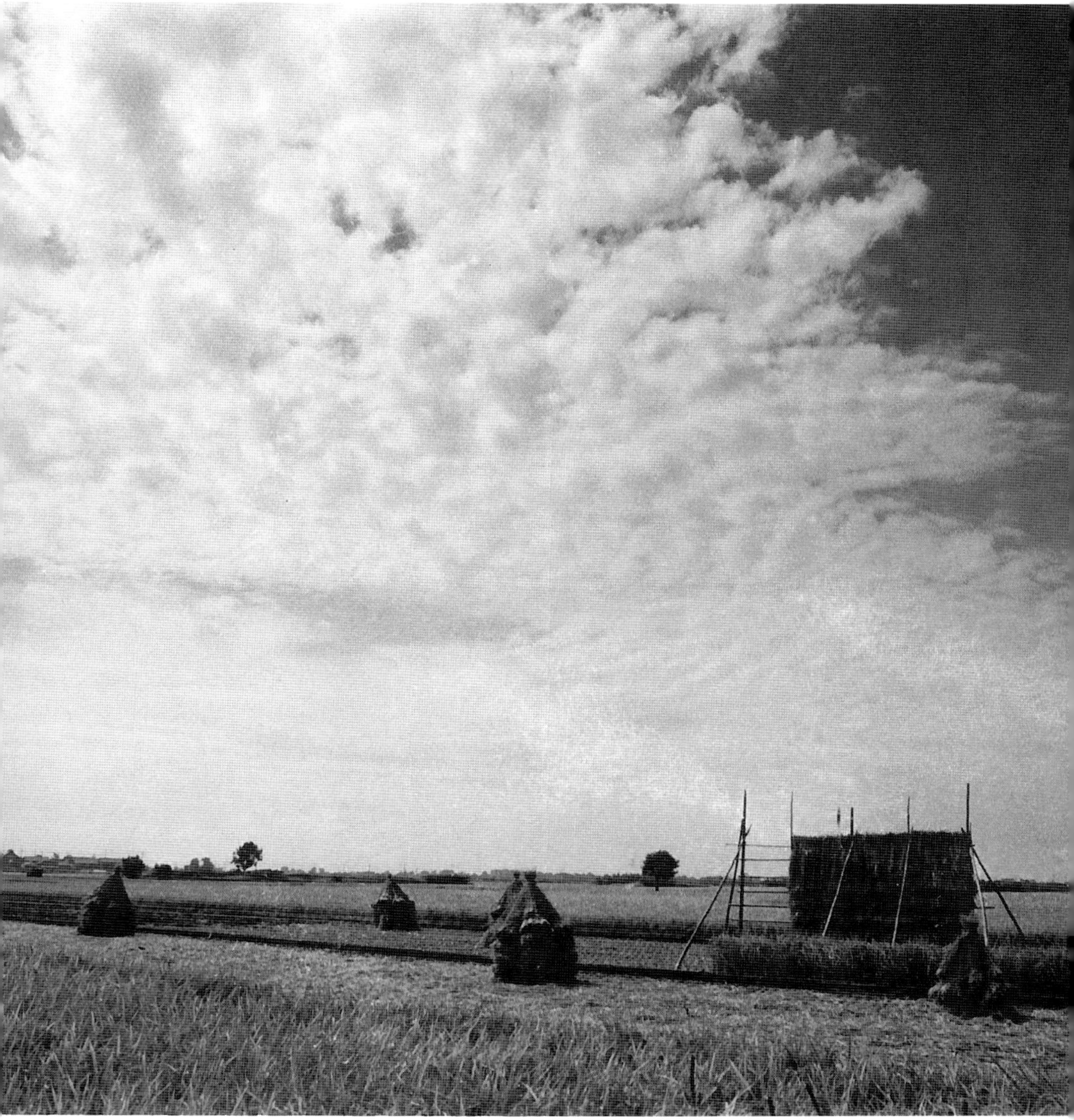

▲秋空に小さな屏風を立てたように映える稲藁架。（昭和54年ごろ、びわ町川道で）

籾《もみ》干し

雲ひとつない秋日和《あきびより》。筵《むしろ》の上で籾を干す籾干しの風景は、昭和四十年代の初めまで、伊香郡を除く湖北地方のどこでも見られた光景でした。

脱穀を終えた籾を、こうして二日間ほど自然乾燥させるのです。午前と午後の二回「籾まぜ」をして均等に天日にあてるのです。

一見のどかに見える光景ですが、農家にとってはとてもきつい労働でした。

晴れた日は朝一番に籾干しをして稲刈りに出かけます。十時ごろになると籾まぜに帰り、お昼は田んぼでの昼ごはん。午後三時ごろになると再び籾まぜに帰りまた田へ戻って稲刈りです。夕方、刈り取った稲の束《そく》を山に積み、翌朝早く脱穀します。朝は暗いうちから田んぼ行き。そのころの脱穀機は足踏み式の「ガーコン」でした。早い人は午前三時ごろから作業を始めていました。朝というより真夜中です。カーバイトランプが唯一の照明具。午前四時を過ぎると、カーバイトランプが漁《いさ》り火のようにあちこちの田に点々と燃えていました。

当時の秋のとり入れは、今日よりずいぶん遅く、十月から十一月にかけてが最盛期でした。たえず、雲の動きを見つめながら「これは時雨《しぐれ》るな」と思うと大急ぎで干し場へ走って片付けねばなりません。籾を包んだ筵を口の字に積み、その上を藁で包み雨を防ぐため筵で覆って「チョボネ」という形にします。干すときは、藁を敷きつめた上へ筵を広げるのです。

晩秋になると湖北しぐれが多くなります。秋じまいが遅いと稲が雪の下になってしまいます。ですから、秋は、春の田植えどきと同様に「ネコの手も借りたい」といわれた季節。子どもも貴重な労働力で、昭和三十年代の初めまで、小・中学校では農繁休暇があったほどです。

こうした籾干しの苦労があったため、農作業の能率は四人家族で一日一反（一〇アール）の稲刈りと脱穀がやっとのこと。米価は一俵（六〇キログラム）が、大卒の初任給をこえていた時代でした。

▲筵の上で籾を天日乾燥する「籾干し」風景。(昭和50年ごろ、伊吹町上野で)

唐箕《とうみ》

パタパタ、パタパタ、と軽やかな音を立てながら農家の人が籾《もみ》の選別をしています。この大きな木製の穀物選別機が唐箕《とうみ》です。脱穀した籾を、良い籾と穀だけで中身のない未熟米などとに選別するために使われました。未熟米は一般に粃《しいな》、この辺りでは「ミヨサ」といいました。

唐箕は、風力を利用して穀物の精粒とくず粒、藁《わら》くずなどの塵芥《じんかい》を選《え》り分ける農具で、江戸時代に中国から伝わってきたためこの名がついたそうです。

構造は簡単ですが巧妙に作られており、穀物を流し込み送り出す漏斗《ろうと》部（じょうご部分）と、板の羽根を回転させて風を起こす送風部、選別用の胴部から成っています。作業は二人で行い、一人は右手で送風羽根を回しながら左手で落下量を調節し、一人は箕で上から漏斗部分に米穀を流し込みました。選別口は三つあり、重い良い籾が一の口に落ち、やや軽いミヨサは二の口に落ち、ゴミや殻、藁くずなどの雑物は前の口から外へ吹き飛ばされます。大豆や小豆《あずき》もこうして選別されました。

籾すり後も、「二番米」といわれるくず米やミヨサを再度こうして選別し、一の口は食用にし、二の口はニワトリなどのエサ用にしました。

この作業は、「唐箕あぶち」「唐箕かけ」などといわれ、秋の取り入れの最後の仕事でした。

稲刈りが終わると「刈りずて」のボタ餅などをつくって祝い、臼摺《うすす》り（籾すり）が終わるとゆい（手伝い合い）の人たちをすき焼きでもてなし、供出（出荷）が終わると新穀を神に献じて感謝する新嘗《にいなめ》をし、すべてが一段落したあとの農作業の残務整理が「唐箕あぶち」でした。

この作業が終わると、唐箕を天井につり下げたり、納屋へ納める「唐箕じまい」。それが終わると冬支度。縄ないや筵《むしろ》織りなどの藁仕事が待っていました。

唐箕は、一粒の米も無駄にしない勤勉な農民魂の産物のような道具でした。稲刈りのとき、倒伏した穂を刈り落としたら、腰にドンベ籠を下げて拾い集めていたころの農具でした。

◀上の逆三角形の部分に米穀を入れ、鼓胴の四枚羽根の風車を回して選別する唐箕。（昭和53年10月、木之本町古橋で）

籾《もみ》すり

乾燥された籾《もみ》から籾殻を取り除いて玄米《げんまい》にする工程が「籾すり（臼《うす》すり）」です。写真は、農家の納屋に置かれた小型籾すり機で、機械の中のゴム製ローラーが臼の働きをします。

昭和四十年代の中ごろまでは、各町で大型の籾すり機や精米機が共同購入され、何軒かの農家が手伝い合いながら作業にあたってきました。

そのころの籾すりは、秋の収穫がぜんぶ終わってから行われ、機械の調整、籾入れ、すり終えた米の収納、糠捨て、米選機で分別される青い未熟米のイリコ処理など五人以上の人手が必要でした。そのため、農家ではゆい（手伝い合い）をしながら籾すりにあたりました。すり上がった米は、とりあえず筵《むしろ》をつなぎ合わせた「タテ」の中へ収められました。タテは筵を円筒形にして立てた貯溜所で、何十俵もの米が入りました。

兼業化の進行でゆいは次第に姿を消し、小型籾すり機の普及とともに農家は個々に機械を保有するようになり、家族だけで日曜日や夜間に作業が行われるようになっていきました。

写真の小型籾すり機は二人で楽にこなせます。乾燥機で乾燥された籾は、パイプで二階の籾格納庫へ送られ、そこから自然落下で機械に運ばれるようになっています。

これならスイッチ・ポンでＯＫです。たまに摩《ま》耗《もう》する臼の微調整をするだけ。きちんと乾燥さえできていれば、米の中に籾が残留することもありません。機械が「ミヨサ」と呼ばれる未熟米を選別し、米選機が小粒米を振るい落としてくれます。

すぐに出荷できるよう三〇キロ入りの紙袋に入れ、供出の日を待つのです。作業は簡単ですが、粉塵《ふんじん》が立ち込める中での作業です。気管支が弱い人は「臼すり風邪《かぜ》」をひく人も多いほどです。

今日では、農協単位でカントリーエレベーターが整備され、こんな光景も姿を消しつつあります。カントリーエレベーターは、コンバインで収穫した生籾を田んぼから運びこめば、乾燥、検査、出荷の作業をすべてこなしてしまいます。

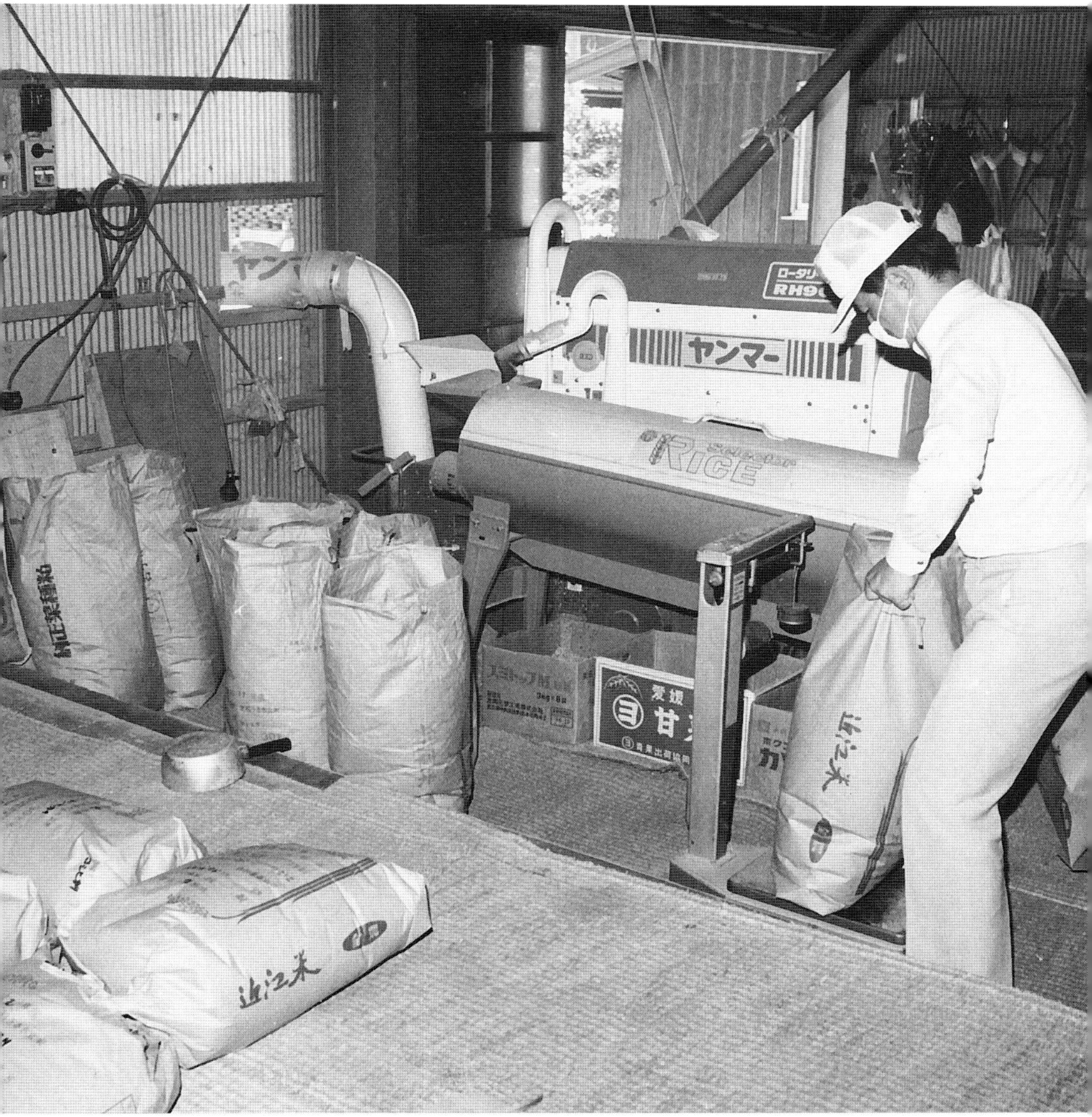

▲小型籾すり機で籾すりをする農家の人。紙袋にある「近江米」は、滋賀県産の米の総称。籾殻は、左奥に見えるストーブの煙突状のパイプから屋外に排出される。(昭和60年10月、長浜市国友町で)

収穫祭

収穫祭は、稲の収穫に際しておこなわれる神事で、稲作行事の最終儀礼です。これには、穂掛祭と刈上げ祭の二つがありました。

古くは、村共同で営まれましたが、その形式は神社の秋祭りに残り、本来の作法は、家の祭りとして伝わってきました。

穂掛は、刈り初めの行事で、刈入れに先立って稲穂を少し神前に掛け、新米の焼米を供えて祀《まつ》りました。これをカリワケ、ワセツキとも言いました。八朔《はっさく》の穂掛けや二百十日の風祭り、秋の社日や刈入れの初日などに祭るところもあります。

刈上げ祭は、稲刈りの終わったときに行われます。これには、田植えじまいのサナブリのように、村の刈上げ祭を大刈上げ、家の祭りをカリアゲ、カツキリなどと二重にする例が北陸地方にはありますが、滋賀県下では、鎌納め、鎌じまい、刈りずて、刈りじまい、刈りぬけ、田刈おさめ、秋じまい、コキずて、コキ納め、スリヌケ、スリじまい、臼《うす》おさめ、臼じまい、などと呼ばれました。亥《い》の子祭のように、村共同で祝うところもありますが、戦前までは多くの農家で夜ひっそりと行われてきました。が、戦後は行う家が少なくなりました。

祭るときに用いられる器は、鎌、鍬《くわ》、臼など。臼を台にしてその上に箕《み》を置き、箕の中へ神饌が置かれました。神饌は、ご飯、赤飯、五目飯、餅、ボタ餅、豆腐、大根など。そして、三把《ぱ》の稲穂も添えられました。三把の稲穂を祭る習慣は、春、田植えはじめのサビラキや、田植えじまいのサナブリに三把の苗を供えるのと相通ずるものがあります。

いまも、刈りずて、コキずてにボタ餅や赤飯をつくり、家神に御神酒《おみき》をあげる農家があります。「やれやれ」「ありがたい」「おかげさま」との秋の喜びがにじむ習慣です。

わが家の収穫祭も「刈りずて」と呼び、ボタ餅をつくって、まっ先に家神と仏壇（ご先祖）に供え、供えたあと家族みんなでいただきました。

▲氏神に供えられる三把の稲穂。田植えじまいの三把苗と同じ習俗です。秋の刈上げ祭に供えられたものでしたが、ここ湖北町延勝寺区では、いつの時代からか正月行事として伝わっています。(昭和53年、同区飯開神社で)

亥《い》の子

亥の子は十月亥《い》の日を祝う風習です。

西日本でさかんに行われるこの行事は、元来、漢語で下元《かげん》と呼ばれる陰暦十月の望《もち》の日（十五日）の休み日であったものが、一年を十二支に当てると寅《とら》から数えて亥の月にあたることから、その中の亥の日を祭りの日としたものといわれます。

農神に対する感謝祭が、風土の違いから、関東では十日夜（トウカンヤ）となり、関西では亥の子となった農神去来のひとつのかたちです。

十月の亥の日は、二度ないし三度あります。昔から、一番亥の子は百姓亥の子、二番亥の子はアキンド（商人）亥の子、などと呼ばれてきました。

二月の初亥を春亥の子といい、春亥の子に田に降りた神が十月亥の子に山に帰ってゆく、と伝えられている地方もあります。

この日、亥の子餅と称して、新米で餅をつき祝う風習は各地に広くおこなわれています。亥の神様は作神様、田の神様と広く考えられており、「祝いましょうよ、亥の神様を、これは百姓の作り神」などというところもあるそうです。亥は猪であり、猪は多産ゆえに、子孫繁盛を祝った収穫後の農耕儀礼とされています。

湖北町延勝寺《えんしょうじ》区では、十月初亥に亥の子餅がつくられます。三つのオコナイ組の頭家《とうや》が、菱餅（三月）、粽《ちまき》（五月）、亥の子の宿を分担、亥の子には二斗（十臼《うす》）の餅がつかれます。二升五個どりの大きなものが五〇～六〇個も。当番宿の親戚と三頭家で奉仕し、氏神に奉納後、頭家、組の年番、頭家の親戚などへ配られるのです。

十月の亥の日に餅を食べる習俗は中国の『雑五行書』にも記されていると言われ、日本でも平安時代から貴族の間にはこの日に餅を贈答する風習があったようです。とくに女人の間での贈り合いが盛んだったようです。

延勝寺区の亥の子行事には、収穫感謝の喜びもさることながら、オコナイの伝統を守ることによって村を守ろうとする「敬神愛郷」の気風がみなぎっています。

◀十月初亥の日に餅をついてふるまう湖北町延勝寺区の亥の子餅づくり。
（昭和59年10月８日、八木繁美さん撮影）

村祭り

秋の取り入れが終わると、鎮守《ちんじゅ》の森からカーン、カーンと鉦《かね》の音が聞こえてきます。高い音、低い音、さまざまです。高い音は元気のいい若者が、低い音は子供たちがたたいているのでしょう。

鉦の音を合図に、村の人たちは氏神さまへ集まります。そして、収穫が終わったことを氏神に報告し、村中みんなで祭りを楽しむのです。

写真は坂田郡伊吹町上野でのスナップ。空は抜けるような青さ。綿菓子をちぎったような雲が伊吹の上を静かに流れ、やがて消えていきました。田には藁を積み上げた「にお」が並び、土手には彼岸花がまだ残っていました。

氏神への道を急いでいた三人は高橋さん親子。親子三代がそろって祭りに出るのです。伊吹山太鼓踊りといわれる上野太鼓踊りが始まる前のひとコマです。

おじいさんは紋付き姿。扇を手に踊り歌をうたいます。お父さんは鉦をたたきます。小さなぼくは瓢《ふくべ》を振ります。おばあさんやお母さんは家で親戚の人をもてなしています。

村中が心を一つにする日。のどかでほほえましい光景です。

伊吹町上野の太鼓踊りは隣村の春照《すいじょう》と並んで、総勢一五〇人近い華麗な大編隊です。伊吹山麓で谷水に頼っていた米づくりの苦闘がしのばれます。夏の雨乞い太鼓踊りとは違って、秋の踊りは返礼踊り。美しいにぎやかなお祭りです。どの顔にも収穫の秋を終えた喜びがにじんでいます。

人に見てもらうのではなく、氏神さまに感謝して喜びを分かちあう神への畏敬《いけい》――そこに村祭りの心がありました。そうした祭りを通して、村の絆《きずな》が保たれてきました。

祭りとは見せるものではなく捧げるもの。観衆を意識せず、鎮守の森に心を寄せ合ってきたからこそ、ひとつの伝統が築かれてきたのでしょう。

灯明祭も同様です。亥の子餅をつくり村中にふるまう習慣にも、村中ひとつの大家族、という村人のやさしい心が垣間見られます。

▲親子三代がそろって祭りの会場・氏神さまへ。(昭和53年10月、伊吹町上野で)

出作り小屋

山あいのネコの額《ひたい》のような田んぼのそばに、粗末な小屋がポツンとあります。

自宅から遠く離れた田を耕作するための「農耕前線基地」でもありました。稲架《はさ》に用いる杭《くい》竹のほか、猪《しし》囲い用のトタン、鋤《すき》や鍬《くわ》、足踏み脱穀機などの農具も格納されています。鍵《かぎ》もない掘っ立て小屋ですが、春や秋の農繁期にはここで寝泊まりされることもありました。

伊香郡の奥地に見られた写真のような小屋は、山深く分けいって農地を開墾し、自家米を確保するための足がかりとされた場でしたが、湖北地方には山深い村の人が平地部で農地を買い求め、田んぼの一角に作業小屋を建築して農耕にあたったもう一つの出作り小屋がありました。

山奥の出作り小屋は、ススキやカヤで屋根を葺《ふ》き、周りを囲っただけの簡素なものでした。強風で吹き飛ばされそうですが、谷あいはあまり風が当たりません。雪で押しつぶされそうですが、雪崩の心配のない場所が選ばれています。

家から何時間もかけてここへたどりついても、谷あいの日没は早いため、わずかの時間しか働けません。ここで寝起きすれば、日の出から夜のとばりが下りるまで、みっちり仕事ができます。鍋や釜、米、味噌、醤油を持ち込んでの短期間の穴ぐら生活。厳しい労働も、夫婦二人なればこその楽しみもあったようです。

平地部の出作り小屋は、長浜市北部から虎姫町、湖北町、高月町にかけて点在していました。

そこの主は山里の人。虎姫町宮部周辺へは浅井町野瀬、高山あたりから、高月町周辺へは木之本町川合あたりからの出作りが多く見られました。山の木を売った代金などで平地の美田を買い求められたのでしょう。そこには日本瓦《かわら》で屋根を葺いた一〇～一五平方<ruby>メートル</ruby>程度の立派な小屋が設けられていました。

春、秋の農繁期、片道十数キロの道のりを何日も歩いて田んぼへ通うのは大変なことです。そのための出作り小屋は「仮眠の宿」でもありました。

▲自宅から遠く離れた田を耕作するために、資材の格納と農繁期の仮眠用に
使われた出作り小屋。(昭和50年11月、余呉町で)

さん積み

畔《はん》の木に脱穀を終えた稲藁《いなわら》が段々に高く積み上げられ、柔らかい晩秋の斜光を浴びて輝いています。「さん積み」です。「チョボネ」とも言いました。

畔の木の上では、トンビがくるりと輪を描いています。藁の中から野ネズミがチョロ、チョロと顔を出すのを待ち構えているのかも知れません。

秋の収穫にコンバインが普及する以前は、黄金色の屏風とも言える稲架の風景のあとに、藁稲架やこんな風景がよく見られました。

機械化以前とは刈り取りが一カ月近く早くなったため、稲の成長力、生命力が新しい芽を吹かせるのです。九月初めに収穫するコシヒカリからは芽が二〇～三〇センチも伸び、二番手の穂をつけることさえあります。もちろん、収穫不能の未熟穂ですが、稲はそれほどの生命力をもっているのです。

さん積みは「桟《さん》積み」を当てた言葉でしょう。桟は、板や蓋《ふた》が反《そ》るのを防ぐために打ちつける横木、戸や障子の骨、床下などに渡す横木、ねだなどを称して用いる言葉です。確かに、戸や障子の横骨のように見えなくはありません。

チョボネとも言いましたが、稲や藁を円錐形に高く積み上げた「にお」をチョボネと言う地域もあります。チョボは印に打つ点。歌舞伎から出た言葉とも言われますが、束ねる行為の集積を「チョボねる」と言いますから、それが点々とした情景を言ったのでしょう。

さん積み、チョボネの藁は、加工用に使うことはありませんでした。田や畑の埋め藁、敷き藁に用いるのが大半でしたが、風呂たき用の燃料や屋根葺《ふ》き用の材料となることもありました。

風呂たき用や屋根葺き用の藁は、秋の終わりにしまいこまれましたが、埋め藁、敷き藁用のものは、ひと冬越して春先に土に戻されました。

冬、一面の銀世界になると、さん積みは大地に特異な造形を描き出します。白い世界に縦のアクセントを加え、畔の木とともに湖北らしさを奏でました。

◀畔の木に、脱穀を終えた稲藁を高く積み上げた「さん積み」。（昭和52年11月、高月町で）

にお

稲を刈り取り、脱穀したあとの藁《わら》の束を積み上げたものを「におお」といいます。

農業の機械化で、近年こんな風景はほとんど見かけなくなりましたが、昭和三十年代までは、一反（一〇《アール》）の田に五個も六個もつくられました。

藁を無駄なく生かして使うため、春先まで自然の中で貯蔵する屋根のない藁小屋（稲むら）でもありました。

稲藁は麦とは違ってさまざまな用途に利用されてきました。使えるものはとことん使いこなしてきた日本人。「わらしべ長者」の昔話にもあるように「もったいない」という意識、無駄を「ぜいたく」と見る感覚、その繊細な意識構造は、農耕生活の中での藁の文化と仏教文化がはぐくんだもの――ニューヨーク・タイムス紙は、こんな特集をしていたことがありました。

このように「にお」は日本の「藁の文化」の象徴でもありました。

におの藁は、春の耕作前に農家の納屋に格納されました。ほどよく乾燥していますから、風呂をたく燃料とされ、家畜の飼料、温床材、堆肥《たいひ》、畜舎や桑畑、果樹、畑の敷き藁、野菜の被覆などに使われ、藁屋根の葺《ふ》き替え材ともなり、残りは田に埋めて有機肥料としたものです。これらは、におの藁の使われ方の一部ですが、藁の用途はもっと広いものがありました。

注連《しめ》縄、縄、筵《むしろ》、草鞋《わらじ》、草履《ぞうり》、テゴ、フゴ、米俵、カマス、箒《ほうき》など際限がありません。

藁の中に日常生活があったようなもの。その藁を使い方によって生活のケジメとしてきました。注連縄がよい例です。湖北のオコナイに藁は欠かせません。餅とともに神に捧げられ、神の依代《よりしろ》ともなってきました。浄と不浄、聖と俗、その結界ともされてきたのです。藁、そして、におには、おおらかでたくましい父祖のこころが秘められています。

子どものころは、積み上げられた藁に体当たりするなど、におは格好の遊び場でした。

◀春先まで田んぼの中で貯蔵する屋根のない藁小屋ともいえる「にお」。（昭和45年ごろ、長浜市内で）

藁《わら》焼き

秋。刈り取りを終わって何日か後の晴れた日の夕方、コンバインで脱穀したあとの藁を焼く火が田んぼ一面に広がっていることがあります。

三十年ほど前まで見かけることがなかった風景です。ヒエが多かったり、イモチなどの病気にかかった田の藁を焼く煙です。火に耳を近づけると、パチパチ、パチパチと小気味よい音を立てていす。落ち穂やヒエの実がはぜる音です。昼間は火が見えないため、日没のころに火が放たれます。

ひと昔前まで、農家は、田をなめるように世話をしてきました。一番草、二番草、三番草と田んぼに四つん這《ば》いになって草を取り、その後にヒエが生えても、田んぼをシラミつぶしに見て回って、ヒエの実が落ちるまでに一本一本抜いたため、藁焼きする必要はありませんでした。

機械化による経営規模の拡大と兼業農家の増大による省力化が、藁焼きの風景をつくり出したといえるでしょう。

土がどんどんやせていき土壌荒廃が叫ばれているとき、貴重な有機質肥料となる藁を焼いてしまうのは惜しいことです。

昔は、藁は大切な資源でした。一本の藁も残さず使いこなしてきました。「わらしべ長者」の話は有名ですが「わらをもつかむ気持ち」という表現は、一本の藁に秘めた可能性を言い表しています。

それほどまでに農家は藁を大切にしてきました。無駄をつつしみ、質素倹約につとめて「藁の文化」を築き上げた日本民族。藁焼きは藁の文化の崩壊を見るようです。モノを粗末にする火としか言いようがありません。

そんな火が、野火のように広がってほしくはありませんが、それは、化学肥料と農薬に頼る農業と、土づくりを忘れて米づくりのみに走る日本農業の今日的な姿でした。

しかし、先年大気汚染と地球温暖化防止から、野焼きは法律で全面禁止となりました。三十年あまりよく見かけた晩秋の風物詩のようだった藁焼きも姿を消していくことでしょう。

◀夕闇がせまるころ、野火のように田面を焼く藁焼きの炎と煙。右上が竹生島。（昭和55年11月、びわ町で）

供出《きょうしゅつ》

村の広場にズラリと並んだ紙袋。農協への米の出荷風景であり、袋の中には新米がいっぱいつまっています。昭和三十年代初めまでは米俵《こめだわら》でした。戦時下の昭和十七年（一九四二）にできた食糧管理制度のもと、戦後すぐの食糧難時代まで存在した供出割当はもはやありませんが、その記憶が強烈なためか、長らく農家は「供出」と呼んでいました。

いま、このように、米を出荷するのは、自家で籾すりも行う大規模農家だけです。農協単位でカントリーエレベーターの整備が進み、ほとんどの兼業農家はコンバインで刈り取った籾《もみ》をカントリーへ運べば、後はおまかせとなったからです。

出荷は、農家にとっては一年の農作業の総仕上げ。手塩にかけて育てた米の嫁入りです。品質しだいで政府の買上げ価格が決まります。農林省食糧事務所の検査官が、一袋ずつ検査棒によって品質を格付けします。昭和四十年代は、一等、二等、三等、四等といった等級があり、等級によって価格が異なるため、検査の行方を見守る農家の表情も真剣でした。

現在は一等、二等の二ランクのみになっています。昭和六十一年（一九八六）産米の政府買上げ価格は一等の場合、六〇キロで一万八九四六円。一等で自主流通米になると、品種によっても異なりますが、平均三〇〇〇円以上の高値になるため、農家は検査結果に一喜一憂します。結果が二等や等外だとどっと疲れが出る、と言われました。

検査結果を左右したのは米粒に小さなヒビが入る胴割れ現象。火力乾燥の過乾燥から生じたものでした。稲刈りから、乾燥、籾すり、計量と、農家は細心の注意をはらいながらこの日を迎えてきたのです。

平成十二年（二〇〇〇）産米の政府買い入れ価格は、六〇キロで一万五千円あまり。日本人の食習慣の変化による米の需要減退に加えて、ガット・ウルグアイランド（関税貿易一括協定）合意による輸入米の受け入れなどで米価は下がり続けています。

◀広場に紙袋に入れた新米を並べ食糧事務所係官の検査をうける。（昭和50年11月、長浜市国友町で）

焼き糠《ぬか》

湖北の秋のたそがれ時、籾殻《もみがら》の山の小さな筒から、白い煙がたちのぼります。糠焼きをする煙です。風のない日は、人の顔の高さぐらいの空中で、白い煙が朝もやのようにたなびきます。香ばしいようなにおいです。子どものころに焼きイモを楽しんだ、あの懐かしいにおいです。落葉たきの煙とは、ひと味ちがったにおいです。籾すりが終わると、糠の始末は女の仕事。農家の主婦はたいへんでした。

翌年の苗代《なわしろ》用の焼き糠作りです。水苗代のころは、苗床を鏡のようにきれいにならして種籾をまき、その上を焼き糠で覆いました。保温性と保水性にすぐれていたからです。その上、スズメの被害からも逃れることができました。籾の姿が見えたら、スズメの集中攻撃にあったからです。

苗床一面に焼き糠をまき終えると、油紙をかぶせたり、ビニールのトンネルをつくります。そのそばにカラスの死骸を結わえたり自転車のタイヤをつるしたりしたものです。タイヤはヘビ。スズメのこわい動物です。威嚇《いかく》するには何よりも効果的でした。昔の人の知恵はたいしたものです。

焼き糠は苗代の種籾の被覆用だけではありません。俵につめて小便器の横に置き、俵めがけてオシッコをジャージャー。スイカづくりには最高の肥料になりました。甘いスイカがとれました。五右衛門風呂《ぶろ》の時代の、門口《かどぐち》（玄関）横に小便場《しょうべんば》があったころのことでした。昭和三十年代の初めまであちこちの農家で見られました。

いまでこそ、籾殻は邪魔者扱いされ、農道脇などで無造作に焼かれていますが、昔の焼き糠は、籾殻の燻製《くんせい》のように大切にしました。

また、籾殻は風呂の燃料や、ウド、サツマイモの床、畑の野菜の播種の覆いなどにも使い、残った分は田んぼ一面にていねいに播いて有機質肥料にしたものです。

籾殻を焼く白い煙と糠焼きのにおいをかぐたびに、遠い日の懐かしい思い出がよみがえります。

◀籾殻を焼いた焼き糠を翌年の春まで貯蔵するため片付け作業をする婦人。（昭和52年11月、長浜市内で）

湖北しぐれ

いいお天気なのに、急に北の空が黒くなって「ザァー」と雨にたたかれることがあります。晩秋の湖北地方に多い時雨《しぐれ》です。土地の人は、この天気のいたずらを「湖北しぐれ」と呼んできました。しぐれは気まぐれで、降ったと思ったらすぐに止んでまた青空をのぞかせるのです。

「女心と秋の空」――この言葉は、まさに、湖北しぐれの形容のようです。

写真のように黒い雲がしのび寄る湖北しぐれとは違って、青空なのにパラパラと水滴が降ることがあります。人々はこれを「キツネの嫁入り」と呼んできました。キツネにつままれたような気象異変だからです。青い空に美しい虹《にじ》が見られるのは湖北ならではでしょう。

湖北は、日本海側気候と太平洋側気候がぶつかり合うお天気の分水嶺地帯。積雪量と同様に、湖北しぐれが頻発する地域も、地図の等高線のようにはっきりしています。それは畔《はん》の木の分布地帯と重なり合っていました。

農業機械が普及するまでは、脱穀した籾は筵《むしろ》の上で天日乾燥されました。ところが、湖北しぐれの常習地域は、籾干しができなかったのです。干したと思ったら雲行きがあやしくなってしまい込む。そしてまた干す。一日のうちでもこんなことの繰り返しに泣かされて、遠い祖先があみ出したのが畔《はん》の木や稲架杭《はさくい》でした。

畔の木は、圃場整備事業によって消しゴムで消されたようになくなってしまいましたが、四十年代までは見事な農村景観を呈していました。

湖北町と高月町の境あたりが湖北しぐれの分水嶺だったようです。それは、「にお」の分布とも一致していました。

こんにちでは、秋の収穫が三十年代とは一カ月以上早くなり、その上機械化されてしぐれを気づかうことはなくなりましたが、昔は空を仰いでの毎日でした。

湖北しぐれは、狭い湖北地域の中でも、さまざまな農耕形態を描き出してきたのです。

▲快晴だったのに、にわかに北の空から雲がわき出し、しぐれに見舞われる湖北平野。（昭和50年11月、びわ町細江で）

藁《わら》切り

カキの実が赤く色づくころ、農家の人が稲藁を小さく切って田んぼ一面に広げています。春耕前の作業だった藁切りを、正月までに行っているこの人は、イラチ（何事も早くしないと気がすまない人）だったのか、リンチョクな人（丁寧な仕事をする人）だったのかもしれません。

藁は早い時期に切って埋め込むのが土づくりのコツと言われます。脱穀後すぐは藁が固くて作業が大変です。一カ月も田んぼの中に放置しておくと、藁が雨や露にぬれて早く腐り、藁切りもサクサクと力まなくても楽に切れました。

この藁切り道具が「押し切り」でした。大きな包丁のような下刃の上へ藁を乗せ、上刃を下げると、はさんだ藁が切れる道具でした。

押し切りは、藁だけでなく、屋根葺《ふ》き用のヨシやカヤ、家畜の飼料なども小さく切る便利で重宝な道具でした。藁と一緒に自分の指を切ってしまった人もあるくらいです。

ホリで土をはねる「田はね」の時代は、藁を長いまま土に埋め込みましたから、写真の作業は爪《つめ》が回転するロータリーが普及するまでの鋤《すき》の時代、つまり、昭和三十年代後半から四十年代前半にかけてよく見かけた光景でした。

刈り取り、脱穀、藁切りを一度にこなすコンバインが登場する以前は、このように言うに言えない大変な作業がたくさんありました。

農家もヨシ葺き、藁葺きの時代。藁は屋根葺き、藁仕事の加工用、畑や家畜用の敷き藁を残して、ちゃんと計算して土に還したものでした。藁や草を積み上げて発酵させて堆肥《たいひ》を作る農家もまだ多く見られました。「米づくりは土づくり」とも言われたのです。

藁切り作業を見かけなくなったな、と思ったら、農業の機械化が一挙に進んでいきました。

もう「押し切り」を見ることもできません。専業農家の平均耕作面積が一・五ヘクタール前後という時代。日曜百姓で三ヘクタール、五ヘクタールという水田を耕作できる時代が来ようとは、このころ誰が予想できたでしょうか。

◀田んぼにすきこむ藁を、押し切りで小さく切ってまく農家の人。（昭和48年11月、高月町で）

ゑびす講

にこやかな福の神・恵比寿《えびす》様の顔が商店街の通り一面の頭上に飾られています。長浜では毎年十一月二十日から二十三日までゑびす講大売り出しが行われます。商店の人たちにとっては年に一度のかき入れ時だったゑびす講も、近年ずいぶん様変わりしてきています。

湖北地方の農家の人たちにとって、四月の曳山《ひきやま》まつりと七月の夏中《げちゅう》さんと十一月のゑびす講の年三回は、「浜行き」ができる場でした。なかでもゑびす講は、米代金を懐《ふところ》に入れて買い物を楽しみました。とくに農家の主婦には、またとない気晴らしの機会でしたから心待ちにされたものです。

大売り出しにふさわしく安さが魅力でした。冬の間の生活用品、家族の衣服や肌着、そして正月用品をどっさり買いこんだものです。その上、食べたり見たりの楽しみもありました。

ところが近年は、近くにスーパーができ、安いものがいつでも欲しい時に手に入ります。農家の主婦にとって、ゑびす講の魅力は年々薄れてきています。食べる楽しさも、いつでも外食ができるようになりました。

広告を入れても客足が少ない、売れん、といった商店の人の嘆きをよく聞きます。消費パターンが変わっているのですから従来の商習慣に浸っていては消費者ニーズは見えないでしょう。

ゑびす講は、長浜や彦根だけの行事かと思って調べてみたら、日本中でやっているのです。

ゑびす講は恵比須神をまつる行事でした。恵比須は中世以降は七福神の中に加えられ、大黒とともに福の神の代表とされてきた神様です。農村でもお祭りしてきました。

商家では、もとは商売繁盛を願って、親戚や知己、出入りの人たちを招いて宴をはる日だったのです。それを誓文払《せいもんばらい》といいました。一年中の商売のカケ引きに嘘《うそ》をついた罪を払い、神罰を免れることを乞うた行事とされてきました。誓文払を忘れて、売ることのみに躍起になっているのが今日のゑびす講大売り出しの姿のように見えます。

◀通りの上に恵比須様が満艦飾に飾られた長浜のゑびす講大売り出し。（昭和60年11月、長浜大通寺通りで）

スワン
専門

圃場《ほじょう》整備

ブルドーザーが田んぼを整地しています。小さな田や不整形な田を整地し、一区画三〇アールの大きな区画にするための圃場整備です。

琵琶湖からの逆水などによる用水確保と、湿田《しつでん》解消をはかる排水事業が同時に進められ、基幹農道の整備も一体的に進められている農村の都市計画とも言える大事業で、「昭和の大化の改新」とも言われてきました。工事は、まず農道や排水路がつけられ、田の整地は表土をはがして石ころが多い下土を整地したあと再び表土を入れて整地されています。湖北地方では、大化の改新後、早い時期に条里制がしかれました。千年以上変わることがなかった農地の境界が、消しゴムで消されるように平なめしになっていきます。

秋の収穫を終えたあと工事を行う「冬季施行」と一年休耕して春から秋にかけて工事を行う「夏季施行」とで工事が進められています。

圃場整備は、単に水田を整地して区画を大きくするだけの事業ではありません。何カ所にも点在する従前の所有田をなるべく一つに統合することが前提になっているため、「換地《かんち》」が難問題です。先祖伝来の土地への執着、土質による収量の大小、整備後の道路ぞいなど、圃場条件への思惑がからみ合い、その上に、日ごろの人間関係の不信感が噴出するなど、工事着手までの紆《う》余曲折はつきものです。工事が完成したあとも、いがみ合いが続いている村はたくさんあります。個人の地権の移動というのはそれほど大変なことなのです。

施行後の水田に整然と早苗の列が伸びるさまはじつにさわやかですが、工事が終わっても田面の不陸《ふりく》直し（凸凹を均《なら》す作業）は耕作者の仕事。プラス・マイナス五センチ以内で工事は行われていますが、その高低差をさらに縮めないと苗が水没してしまいます。従前、川や溝があったところではトラクターが沈んだりするため、施行後の初年度はヤッサモッサ。とはいえ、圃場整備の完成で田植え機など機械の作業効率は大幅に向上し、水の管理も楽になりました。

◀１区画30ａの水田にするためブルドーザーがうなりをあげる圃場整備工事。（昭和63年、長浜市泉町で）

タネとり

ヨシぶきの家の囲炉裏《いろり》のあるダイドコ（台所）の柱に粟《あわ》やトウガラシの束がつるされています。あくる年、畑へ播くためのタネとり用です。囲炉裏の自在鈎《かぎ》につるされた鉄びんには湯がしゅんしゅんと沸いていました。

昭和三十年代までは、こんな光景をよく見かけました。米や麦だけに限らず、畑で栽培する野菜の種もほとんど自給していました。

粟や黍《きび》は、餅の中へ入れられました。餅はお正月だけでなく、冬の間の主食とされ、おやつ代わりにもなってきたので、少ない糯米《もちごめ》で長い期間食いつなぐために、こうしたものが混入されました。その芳しい香り、風味を楽しみ、味わってきたのです。

米や麦は大量の種子が必要です。藁《わら》で編んだ俵《たわら》に入れて梁《はり》などの横柱の上へくくりつけておいたり、ツボに入れて「つし」と言われた屋根裏の三角部屋に貯蔵したりされてきました。が、大半は「ネズミいらず」と言われた押し入れに格納されてきました。

ジャガイモやサトイモは発芽や腐敗を防ぐために、「ムロ」に入れられました。ムロは、座敷の床下の地下格納庫です。座敷の畳をあげ、床板を取り除くと土で囲った小さな室がありました。太陽光をさえぎり、気温の変化がない状態で保存する生活の知恵でした。

昔はストーブなどはありませんでしたが、座敷で使う火鉢や炬燵《こたつ》などの暖気が床下にまで結構届き、ムロの中へ手を入れると、あたたかさが伝わってきました。サツマイモは籾殻の中へ入れて保存されました。

このほか、菜種、大根、白菜、ネギ、ホウレンソウ、ゴマなどのほか、スイカ、マクワ、トマトなどのタネも自家採取されてきました。これらは量も少ないため、缶や水屋の引き出しなどで保管されました。

風通しのよい軒先にニンニクやトウガラシがつるされている光景もよく見かけました。

◀台所の柱に掛けられたタネとり用の粟やトウガラシ。右は切り干し大根。下に見えているのは糸繰り車。（昭和45年ごろ、余呉町で）

あとがき

歳時記とは、一年のおりおりに行われた自然・人事百般の事を記した書（広辞苑）を言います。日本列島の地方、地域によって季節感が微妙に異なるように、米づくりにかけた父祖の祈りのかたちも、その土地ならではのものがありました。農の歳時記は、風土が紡ぎだした農民の生き様そのものでした。

その農の暮らしは、昭和四十年代から五十年代にかけて激変しました。農村は内からも外からも変化していったのです。

内からの変化の第一は、農家生活の都市化でした。専業農家が激減して兼業化が進み、住宅の新築ブームとともに、無駄を排除しようとする新生活運動の嵐がまき起こり、便利さを追究するあまり暮らしの知恵が消えていきました。第二は、農作業の機械化です。トラクター、田植機、コンバインは、わずか一〇年ほどの間に日本中に普及していきました。その後は大型化が進んでいます。第三は、農村コミュニティの崩壊に近い変化です。村祭りなどは継続されているものの、村中総出の共同作業や伝統的な行事や習慣の多くが消滅していきました。

外からの変化の第一は、圃場《ほじょう》整備事業や灌漑《かんがい》排水事業など土地基盤整備事業による環境の変化と農村景観の変貌です。用水路と排水路を兼ねていた従前の小河川、メダカを追い小ブナを釣った小川は、三面コンクリートの水路になってしまい、確かに田んぼに入れる水の苦労はなくなりましたが、生態系そのものが変わってしまいました。田んぼの畦《あぜ》に植えられていた柿の木や稲架《はさ》を掛ける畔《はん》の木はすべて切り倒されて農村景観の潤《うるお》いがなくなり、緑に包まれていた農村は裸同然になっていきました。第二は、道路の整備と工場の進出です。緑なす風景が消えて、白々しいマッチ箱のような建物が増え、電柱や高圧鉄塔ばかりがやたら目につくようになっていきました。

私は、公務員という職を得る中で、日曜日は農に従事した兼業農家の一人として、北近江に生き、野良《のら》から日本農業の変化を見つめてきました。農村と農業の大変化を肌で感じながら、絶えず胸にあったのは、全国の農村が「金太郎飴《あめ》」のようになっていく、地方の個性と独自性がなくなっていく、祖父母の時代に行われていた家での行事も行われなくなってしまった、ふるさとが消えていく——という思いでした。

私は、昭和四十六年から五十五年まで九年間、長浜市の広報を担当してきました。カメラを肩に市内外を取材して回っていたため、ふるさとの変わりようを人一倍強く感じ、危機感を招いたのかも知れません。北近江の風土と父祖の心と暮らしをいま記録にとどめなければ、子や孫に美しく豊かな郷土の姿を語り伝えることはできない、いまのうちにカメラに収めよう、と昭和五十年ごろからふるさととの残像を追い求めました。このころは、農村の変貌途上でしたので、その記録はかろうじて間に合いました。日曜日、自家水田の耕作をやりながら、軽トラックにカメラを積み込み、いっぷく（休憩）の時間には寸暇を惜しんで、泥だちけの作業着のまま、百姓仲間の仕事を追いかけました。こうしてストックした写真は、三六枚撮りフィルムで三〇〇〇本、一〇万枚近くになりました。

私のこの取り組みを聞かれた中日新聞長浜通信局から、昭和五十九年（一九八四）二月に、週一回の連載依頼が寄せられ、以来、七年半にわたって、三九六回連載しました（ペンネームもこの際に用い始めました）。本書は、連載「湖北の民俗」「土の詩《うた》」の中から一〇〇編を選び、加筆修正を加えたものです。本書の大半は、いまはもう見ることもできない郷愁の詩《うた》となってしまいました。

当時、私が、こうした写真記録と民俗研究に打ち込めたのも、両親が健在ならばこそだったでしょう。ネコの手も借りたい農繁期に、朝、カメラを肩に家を飛び出し、夜、暗くなるまで帰宅しないこともありました。そんなわがまま息子を、小言ひとつ言わずに見守ってくれた父の寛容さに、いま胸の熱くなるものを感じています。そんな父が傘寿を待たずに逝って今年は十三年。父の十三回忌の霊前に、心からの感謝をこめて本書を捧げたいと思います。「親孝行したいときには親はなし」。本書の刊行を父がいちばん喜んでくれている、そう自分に言い聞かせています。

最後になりましたが、本書に収録されている写真の被写体になっていただいた多くの皆さん、そして、全国自費出版ネットワークが企画された「一〇〇万人の二十世紀」というシリーズの第一冊目に本書を選択願った、サンライズ出版の岩根順子社長ほかスタッフの皆さんに心から感謝申し上げます。

平成十三年（二〇〇一）九月

国友伊知郎（吉田一郎）

刊行にあたって

私たちの両親や祖父母が作った20世紀はどんな時代だったのでしょうか。

21世紀という新しい時代を迎えた今、激動の20世紀を伝える多くの出版物が発行されています。しかし、これらの多くは世界や日本全国を包括的に捕らえてはいるものの、大多数の庶民の生の声や姿、つまり〝心の遺産〟が充分に伝わっているとはいえません。

戦争の世紀、エネルギー革命の世紀といわれた20世紀を真摯に生きてきた庶民の生活の記録は小さいけれど、重く大切な歴史の一端を作ってきました。しかし、私たちが体験した生活と文化の記憶は次第に失われようとしています。膨大で貴重な個人の生活記録を形に残し伝える重要性はいうまでもありません。

こうした重要性を認識している全国各地の自費出版ネットワーク会員は、やがて忘れられ、劣化し散逸するであろう人々の生活記録を丁寧に集め、〝20世紀の万葉集〟をめざして「100万人の20世紀」シリーズの刊行を始めることとしました。

激動の時代を懸命に生き抜き、今日の繁栄を築いてきた人々の記録を書籍として刊行し、さらにデータベース化することで、消えようとする私たちの心の遺産が、新しい時代に受け継がれていくことを願っています。さらに本シリーズの刊行が、20世紀に私たちが創り出したもの、失ったものを振り返り、今を考え、21世紀を正しく歩むための一助となれば幸いです。

自費出版ネットワーク

100万人の20世紀

■著者略歴
文・写真　国友伊知郎（くにとも・いちろう）

本名　吉田一郎
1942年、滋賀県長浜市国友町に生まれる
県立長浜農業高等学校卒業後、長浜市役所入庁
1971年より、市広報紙「ながはま」の編集を担当
1977年、全国広報功労者特別表彰受賞
同市企画課長、経済部長、教育部長などを経て、
現在、市立長浜城歴史博物館館長

編集『写真集・長浜百年』（長浜市）
総合監修『目で見る湖北の百年』（郷土出版社）
監修『画文集・私の長浜』（郷土出版社）
著書『湖北賛歌』（吉田一郎著作集刊行会）
「中日新聞」、『長浜市史』、タウン誌『みーな』等に湖北の歴史・民俗・文化について執筆

現住所　〒526-0001　滋賀県長浜市国友町918
TEL.0749-62-4074
FAX.0749-62-4075

100万人の20世紀　シリーズ(1)

北近江　農の歳時記

2001年９月25日発行

企　画／自費出版ネットワーク
著　者／国　友　伊知郎
発行所／サンライズ出版
印刷所／サンライズ印刷株式会社

定価はカバーに表示しております。
ISBN4-88325-089-X C0339

自費出版ネットワーク：全国各地の中小印刷および編集会社で組織され、1998年からは「日本自費出版文化賞」を運営している。
自費出版ネットワーク事務局：東京都中央区日本橋小伝馬町7-16
社団法人日本グラフィックサービス工業会内